电网企业员工安全技能实训教材

输电运检

国网泰州供电公司　组编

中国电力出版社
CHINA ELECTRIC POWER PRESS

内 容 提 要

《电网企业员工安全技能实训教材》丛书是按照国家电网有限公司生产技能人员标准化培训课程体系的要求，结合安全生产实际编写而成。本丛书共包括《通用安全基础》《变电运维》《变电检修》《输电运检》《配电运检》《不停电作业》《电力调度与自动化》《信息通信》《营销计量》《农电》10 个分册。

本书为《电网企业员工安全技能实训教材　输电运检》，全书共 7 章，主要内容包括基本安全要求、检修现场标准化作业、输电运行维护作业安全管理、典型输电线路运维项目、输电检修作业安全管理、典型输电线路检修项目、典型违章事故案例及其分析等。

本书可作为电网企业从事输电运检及相关专业作业人员和管理人员的安全技能指导书、培训教材及学习资料，也可作为高等院校、职业技术学校电力相关专业师生的自学用书与阅读参考书。

图书在版编目（CIP）数据

输电运检/国网泰州供电公司组编. —北京：中国电力出版社，2022.11
电网企业员工安全技能实训教材
ISBN 978-7-5198-7087-4

Ⅰ．①输…　Ⅱ．①国…　Ⅲ．①输电线路－电力系统运行－检修－技术培训－教材
Ⅳ．①TM726

中国版本图书馆 CIP 数据核字（2022）第 184698 号

出版发行：中国电力出版社
地　　址：北京市东城区北京站西街 19 号（邮政编码 100005）
网　　址：http://www.cepp.sgcc.com.cn
责任编辑：王　南（010-63412876）
责任校对：黄　蓓　王海南
装帧设计：张俊霞
责任印制：石　雷

印　　刷：三河市万龙印装有限公司
版　　次：2022 年 11 月第一版
印　　次：2022 年 11 月北京第一次印刷
开　　本：710 毫米×1000 毫米　16 开本
印　　张：12.5
字　　数：178 千字
印　　数：0001—1500 册
定　　价：65.00 元

编写委员会

序

　　无危则安，无损则全，安全生产事关人民福祉，事关经济社会发展大局，是广大人民群众最朴素的愿望，也是企业生产正常进行的最基本条件。电网企业守护万家灯火，保障安全是企业履行政治责任、经济责任和社会责任的根本要求。安全生产，以人为本，"人"是安全生产最关键的因素，也是最大的变量。作业人员安全意识淡薄、安全技能不足等问题，是导致各类安全事故发生的一个重要原因。百年大计，教育为本，提升作业人员安全素养，是保障电网安全发展的长久之策，一套面向基层一线的安全技能实训教材显得尤为迫切和重要。

　　当前，国家和政府安全监管日趋严格，安全生产法制化对电网企业安全管理提出了更高的要求。近年来，新能源大规模应用为主体的新型电力系统加快建设，电网形态不断发生着深刻的变化，也给电网企业安全管理带来了新的课题。为更好地支撑和指导电网企业员工和利益相关方安全教育培训工作，促进作业人员快速全面掌握核心安全技能理论知识，国网泰州供电公司组织修编了这套《电网企业员工安全技能实训教材》系列丛书。应老友邀请，我仔细品读，深感丛书理论性、创造性与实用性并具，是不可多得的安全培训工具书。

　　本丛书系统性强，专业特色鲜明，共包括《通用安全基础》通用教材及《变电运维》《变电检修》《输电运检》《配电运检》《不停电作业》《电力调度与自动化》《信息通信》《营销计量》《农电》等9本专业教材。《通用安全基础》涵盖安全理论、公共安全、应急技能等内容，9本专业教材根据专业特点量身打造，囊括了安全组织措施和技术措施、两票的填写和使用、专业施工机具及安全工器具、现场安全标准化作业等内容。通用教材是专业教材的基础，专业教材是通用教材的延伸，两类教材互为补充，成为一个有机的整体，给电网企业员工提供了更系统的概念和更丰富的选择。

本丛书实用性强，内容生动翔实，国网泰州供电公司组建的编写团队，由注册安全工程师、安全管理专家、专业技术骨干、作业层精英等人员组成，具备本专业长期现场工作经历。他们从自身工作角度出发，紧密贴合现场管理实际，精准把握一线员工安全培训需求，全面总结了安全管理的概念和要点、标准和流程，提出了满足现场需要的安全管理方法和手段，针对高处作业、动火作业、有限空间作业等典型场景，专题强化安全注意事项，并选用大量的典型违章和事故案例进行分析说明，内容全面丰富、重点突出，使本套教材更易被一线员工接受，使安全培训取得应有的成效。

本丛书指导性强，理论结构严谨，编写团队对标先进、学习经验，经过广泛的调研和深入的讨论，针对电力行业特点，创新构建了包含安全理论、公共安全、通用安全、专业安全、应急技能的"五维安全能力"模型，提出了员工岗位安全培训需求矩阵，描绘了不同岗位员工系统性业务技能和安全培训需求。本丛书还参照院校学分制绘制了安全技能知识图谱，结构化设置知识点，为其在各类安全技能培训班中有效应用提供了指导。

本丛书在编写过程中坚持试点先行，《通用安全基础》和《配电运检》两本教材于 2020 年底先期成稿，试用于国网泰州供电公司 2021 年配电专业安全轮训班，累计培训 3000 余人次，取得了良好的成效，得到了参培人员的一致好评。在此基础上，编写组历时两年编制完成了其余 8 本专业教材。

本丛书的出版，是电网企业在自主安全教育培训方面的一次全新的探索和尝试，具有重要的意义。"知安全才能重安全，懂安全才能保安全"，相信本丛书必将对电网企业安全技能培训工作的开展和员工安全素养的提升做出长远的贡献，也可以作为高校教师及学生了解电力检修施工现场安全管理的参考资料。

与书本为友，享安全同行。

东南大学电气工程学院院长、教授

2022 年 7 月

前　言

　　安全生产是企业的生命线，安全教育培训是电网企业安全发展的重要保障。随着电网技术快速发展、新业务新业态不断革新、作业管理方式持续转变，传统的电力安全培训教材系统性、针对性不强，内容亟须更新。为总结电网企业在安全生产方面取得的新成果，进一步提高电网企业生产技能人员的安全技术水平和安全素养，为电网企业安全生产提供坚强保障，国网泰州供电公司按照国家电网有限公司生产技能人员标准化培训课程体系的要求，结合安生生产实际，组织编写了《电网企业员工安全技能实训教材》丛书，包括《通用安全基础》《变电运维》《变电检修》《输电运检》《配电运检》《不停电作业》《电力调度与自动化》《信息通信》《营销计量》《农电》10个分册。

　　本丛书以国家有关的法律、法规和电力部门的规程、规范为基础，着重阐述了电力安全生产的基本理论、基本知识和基本技能，从公共安全、通用安全、专业安全、应急技能等方面，全面、系统地构建电力安全技能培训体系。本丛书精准把握现场一线员工安全培训需求，结构化设置知识点，可作为电网企业生产人员和管理人员的安全技能培训教材。

　　本书为《电网企业员工安全技能实训教材　输电运检》分册，全书共7章：

　　第1章为基本安全要求。本章介绍输电专业的基本安全要求，首先介绍了输电线路运行与检修的一般安全要求以及保障作业安全的组织和技术措施，接着介绍了线路运检工作中常见安全工器具的保管与试验要求以及作业现场安全标志和围栏的设置规范。

第 2 章为检修现场标准化作业。本章介绍了输电线路检修的标准化作业流程，分别从检修作业的计划、准备，实施和监督考核等步骤展开讲解标准化作业流程。

第 3 章为输电运行维护作业安全管理。本章详细说明了线路巡视的目的、要求和安全注意事项，总结了外力破坏事故的类型与特点，并介绍防外力破坏的反事故措施和法律依据。

第 4 章为典型输电线路运维项目。本章主要介绍输电线路运维的典型项目，详细介绍了砍剪树木、接地电阻测量、接地环流检测和红外测温等典型运维项目的危险点和预控措施。

第 5 章为输电检修作业安全管理。本章主要介绍了架空线路、输电电缆检修施工分类和检修风险等级分类，详细分析了检修现场存在的危险点和预防控制措施。

第 6 章为典型输电线路检修项目。本章主要介绍了架空线路、输电电缆典型检修项目，针对典型检修项目进行详细的危险点分析和预防措施说明。

第 7 章为典型违章事故案例及其分析。本章节主要介绍了七个输电线路专业的典型事故案例，分析事故发生的原因和预防对策。

本丛书由国网泰州供电公司组织编写，卜荣、徐国栋担任主编，统筹负责整套丛书的策划组织、方案制定、编写指导和审核定稿。公司各专业部门和单位具体承担编写任务，本书的统筹策划由副主编黄宏春、符瑞、唐达燊负责，本书第 1、2 章由李明江编写，第 3、4 章由周圣淋、周鹏编写，第 5、6 章由高翔、刘海编写，第 7 章由仲坚、田卫强编写，严阳、毕建勋、马越、戴永东、张传杰、陆纯负责审核统稿。本书编写过程中，有关专家、学者通过线上、线下等方式提出了宝贵修改建议与意见，在此表示由衷感谢。

由于编写人员水平有限，书中难免存在不妥或疏漏之处，恳请广大读者批评指正。

编　者
2022 年 7 月

目 录

第1章 基本安全要求

本章介绍输电专业的基本安全要求，首先介绍了输电线路运行与检修的一般安全要求以及保障作业安全的组织和技术措施，接着介绍了线路运检工作中常见安全工器具的保管与试验要求以及作业现场安全标志和围栏的设置规范，帮助读者初步建立输电线路的基本安全概念。

1.1 一般安全要求

1.1.1 运行安全一般要求

输电线路从结构可分为架空输电线路和电缆线路两类。架空输电线路由杆塔、基础、拉线、导线、架空地线、绝缘子、金具、接地装置及附属设施等元件组成；电缆线路主要由电缆本体、电缆附件和接地系统组成。输电线路部分元件在线路竣工验收中已按设计和规程要求检测和校核，有的缺陷现状已存在且已经过多年运行，其存在的缺陷也无扩大的趋势，如某直线塔的横担歪斜度已超标准要求的 1%，运行多年无发展趋势，且该横担也无法调整，因此运行单位对安全运行存在隐患的缺陷应重点关注，并做好监控措施。

1.1.1.1 架空输电线路运行要求

1. 杆塔的运行要求

杆塔是架空输电线路的主要部件，用以支持导线和架空地线，且能在各种气象条件下，使导线对地和对其他建筑物、树木植物等有一定的最小允许距离，并使输电线路不间断地向用户供电。对杆塔的运行要求如下。

（1）杆塔的倾斜、杆（塔）顶挠度、横担的歪斜程度不超过表 1-1 规定的范围。

表 1-1　　　　　　　　杆塔倾斜、横担歪斜的最大允许值

类　别	钢筋混凝土电杆	钢管杆	角钢塔	钢管塔
直线杆塔倾斜度（包括挠度）	1.5%	0.5%（倾斜度）	0.5%（50m 及以上高度杆塔）1.0%（50m 以下高度杆塔）	0.5%
直角转角杆最大挠度		0.7%		
转角和终端杆 66kV 以下最大挠度		1.5%		
转角和终端杆 110～220kV 最大挠度		2%		
杆塔横担歪斜度	1.0%		1.0%	0.5%

（2）转角、终端杆塔不应向受力侧倾斜，直线杆塔不应向重载侧倾斜，拉线杆塔的拉线点不应向受力侧或重载侧偏移。

（3）对杆塔的要求。

1）不准有缺件、变形（包括爬梯）和严重锈蚀等情况发生。镀锌杆塔一般每 3～5 年要求检查一次锈蚀情况。

2）杆塔主材相邻结点弯曲度不得超过 0.2%，保护帽的混凝土应与塔角板上部铁板结合紧密，不得出现裂纹。

3）杆塔基准面以上两个段号高度塔材连接应采用防卸螺母（杆塔距地面 15m 以下必须进行防盗）。"三跨"（跨越高速铁路、高速公路和重要输电通道）应采用独立耐张段跨越，杆塔结构重要性系数应不低于 1.1，杆塔除防盗措施外，还应采用全塔防松措施。

（4）对钢筋混凝土电杆的要求。

1）预应力钢筋混凝土杆不得出现裂纹。普通钢筋混凝土杆保护层不得出现腐蚀、脱落、钢筋外露、酥松和杆内积水等现象，纵向裂纹的宽度不超过 0.1mm，长度不超过 1m，横向裂纹宽度不得超过 0.2mm，长度不超过圆周的 1/2，每米内不得多于 3 条。

2）对钢筋混凝土电杆上端应封堵，放水孔应打通。如果已发生缺陷但不

超过下列范围时，可以进行补修。

a．在一个构件上只允许露出一根主筋，深度不得超过主筋直径的 1/3，长度不得超过 300mm。

b．在一个构件上只允许露出一圈钢箍，其长度不得超过 1/3 周长。

c．在一个钢圈或法兰盘附近只允许有一处混凝土脱落和露筋，其深度不得超过主筋直径的 1/3，宽度不得超过 20mm，长度不得超过 100mm（周长）。

d．在一个构件内，表面上的混凝土坍落不得多于两处，其深度不得超过 25mm。

（5）杆塔标志的要求。

1）线路的杆塔上必须有线路名称、杆塔编号、相位，以及必要的安全、保护等标志，同塔双回、多回线路塔身和各相横担应有醒目的标识，确保其完好无损和防止误入带电侧横担。

2）高杆塔按设计规定装设的航行障碍标志。

3）路边或其他易遭受外力破坏地段的杆塔上或周围应加装警示牌。

2．基础的运行要求

杆塔基础是指建筑在土壤里面的杆塔地下部分，其作用是防止杆塔因受垂直荷载，水平荷载及事故荷载等产生的上拔、下压，甚至倾倒。杆塔基础运行要求如下。

（1）不应出现基础表面水泥脱落、钢筋外露（装配式、插入式）、基础锈蚀、基础周围保护土层流失、凸起、塌陷（下沉）等现象。

（2）基础边坡保护距离应满足设计规定要求。

（3）对杆塔的基础，除根据荷载和地质条件确定其经济、合理的埋深外，还需考虑水流对基础土的冲刷作用和基本的冻胀影响；埋置在土中的基础，其埋深应大于土壤冻结深度，且应不小于 0.6m。

（4）对混凝土杆根部进行检查时，杆根不应出现裂纹、剥落、露筋等缺陷。

（5）一定要夯实杆根回填土，并应培出一个高出地面 300～500mm 的土台。

（6）杆塔基础大部分是混凝土浇制的基础，要求不应出现裂开、损伤、酥松等现象。一般情况，基础面应高出地面 200mm。

（7）处在道路两侧地段的杆塔或拉线基础等应安装有防撞措施和反光漆警示标识。

（8）杆塔、拉线周围保护区不得出现挖土失去覆盖土壤层或平整土地掩埋金属件现象。

3．拉线的运行要求

拉线的主要作用：加强杆塔的强度，确保杆塔的稳定性，同时承担外部荷载的作用力。拉线的运行要求如下。

（1）拉线一般应采用镀锌钢绞线，钢绞线的截面积不得小于 $35mm^2$。拉线与杆塔的夹角一般采用 45°，如受地形限制可适当减少，但不应小于 30°。

（2）拉线不得出现锈蚀、松劲、断股、张力分配不均等现象。

（3）拉线金具及调整金具不应有变形、裂纹、被拆卸或缺少螺栓和锈蚀。

（4）拉线棒直径比设计值大 2～4mm，且直径不应小于 16mm 根据地区不同，每五年对拉线地下部分的锈蚀情况做一次检查和防锈处理。

（5）检查拉线应无下列缺陷情况。

1）镀锌钢绞线拉线断股，镀锌层锈蚀、脱落。

2）利用杆塔拉线作起重牵引地锚，在杆塔拉线上拴牲畜，悬挂物件。

3）拉线基础周围取土、打桩、钻探、开挖或倾倒酸、碱、盐及其他有害化学物品。

4）在杆塔内（不含杆塔与杆塔之间）或杆塔与拉线之间修建车道。

5）拉线的基础变异，周围土壤突起或沉陷等现象。

6）X 拉线交叉处应有空隙，不得出现交叉处两拉线压住或碰撞摩擦现象。

4．导线的运行要求

（1）导线间的水平距离。导线是电力线路上的主要元件之一，它的作用是从发电厂或变电站向各用户输送电能（主要包括汇集和分配电能）。导线不仅通过电流，同时还承受机械荷载。

正常状态，电力线路在风速和风向都一定的情况下，每根导线都同样地摆动着。但在风向，特别是风速随时都在变化的情况下，如果线路的线间距离过小，则在档距中央导线间会过于接近，因而发生放电甚至短路。

一般情况下，使用悬垂绝缘子串的杆塔，其水平距离与档距的关系，可采用表 1-2 所列的数值。

表 1-2　　　　使用悬垂绝缘子串的杆塔，其水平距离与档距的关系

水平线间距离（m）		3.5	4	4.5	5	5.5	6	6.5	7	7.5	8	8.5	10	11
标称电压（kV）	110	300	375	450	—	—	—	—	—	—	—	—	—	—
	220	—	—	—	—	440	525	615	700	—	—	—	—	—
	330	—	—	—	—	—	—	—	—	525	600	700	—	—
	500	—	—	—	—	—	—	—	—	—	—	—	525	650

注　表中数值不适用覆冰厚度 15mm 及以上的地区。

（2）导线间的垂直距离。导线垂直排列时，其线间距离（垂直距离）除了应考虑过电压绝缘距离外，还应考虑导线积雪和覆冰使导线下垂以及覆冰脱落时使导线跳跃的问题。

一般情况下，使用悬垂绝缘子串的杆塔，其垂直线间距离不得小于表 1-3 所列的数值。

表 1-3　　　　使用悬垂绝缘子串杆塔的最小垂直线间距离

标准电压（kV）	110	220	330	500
垂直线间距离（m）	3.5	5.5	7.5	10.0

（3）导线对地距离及交叉跨越。为充分保障电力线路安全稳定运行，避免电力事故发生，所架设导线需与地面或建筑物保持一定的安全距离。导线对地面最小允许距离见表 1-4。

表 1-4　　　　导线对地面最小允许距离

地区类别	线路电压（kV）				
	66～110	220	330	500	750
居民区（m）	7.0	7.5	8.5	14.0	20.0

续表

地区类别	线路电压（kV）				
	66～110	220	330	500	750
非居民区（m）	6.0	6.5	7.5	11.0（10.5）	16.0
交通困难地区（m）	5.0	5.5	6.5	8.5	12.0

注 1. 居民区是指工业企业地区、港口、码头、火车站、城镇、村庄等人口密集地区，以及已有上述设施规划的地区。
　　2. 非居民区是指除上述居民区以外，虽然时常有人、车辆或农业机械到达，但未建房屋或房屋稀少的地区。500kV线路对非居民区11m用于导线水平排列，10.5m用于导线三角排列。
　　3. 交通困难地区是指车辆、农业机械不能到达的地区。

　　导线在最大风偏时，与房屋建筑的最近凸出部分间的距离，不应小于表1-5的数值。

表1-5　　　　　　　　　导线风偏时与房屋建筑物的允许距离

线路电压（kV）	66～110	220	330	500	750
垂直距离（m）	5.0	6.0	7.0	9.0	11.0
水平距离（m）	4.0	5.0	6.0	8.5	10.0

　　线路经山区，导线距峭壁、突出斜坡、岩石等的距离不能小于表1-6的数值。

表1-6　　　　　　　　　导线风偏时与突出物的允许距离

线路经过地区	线路电压（kV）				
	66～110	220	330	500	750
步行可以到达的山坡（m）	5.0	5.5	6.5	8.5	10.0
步行不能到达的山坡、峭壁和岩石（m）	3.0	4.0	5.0	6.5	8.0

　　当架空输电线路与通信线、电车线、电话线、电力线或其他管索道交叉时，输电线路应从上方跨越。当输电线路互相交叉时，电压高的线路应在上方通过，其安全距离不应小于表1-7和表1-8的数值。

表 1-7　　　输电线路与铁路、公路、电车道交叉或接近的基本要求

项　目	铁　路		公　路	电车道（有轨及无轨）	
导线或避雷线在跨越档内接头	不得接头		高速公路，一级公路不得接头	不得接头	
线路电压（kV）	至轨顶	至承力索或接触线	至路面	至路面	至承力索或接触线
最小垂直距离（m）　66～110	7.5	3.0	7.0	10.0	3.0
154～220	8.5	4.0	8.0	11.0	4.0
330	9.5	5.0	9.0	12.0	5.0
500	14.0 16.0（电气铁路）	6.0	14.0	16.0	6.5
750	20.0	7.0	18.0	20.0	8.0

表 1-8　　　输电线路与河流、弱电线路、电力线路、管道、索道
交叉或接近的基本要求

项目	通航河流		不通航河流		弱电线路	电力线路	管道	索道
导线或避雷线在跨越档内接头	不得接头		不限制		一级不得接头	220kV及以上不得接头	不得接头	不得接头
线路电压（kV）	至5年一遇洪水位	至遇高航行水位最高桅顶	至5年一遇洪水位	冬季至冰面	至被跨越线	至被跨越线	至管道任何部分	至索道任何部分
最小垂直距离（m）　66～110	6.0	2.0	3.0	6.0	3.0	3.0	4.0	3.0
154～220	7.0	3.0	4.0	6.5	4.0	4.0	5.0	4.0
330	8.0	4.0	5.0	7.5	5.0	5.0	6.0	5.0
500	10.0	6.0	6.5	11.0	8.5	8.5（6）	7.5	6.5
750	12.0	8.0	9.0	14.0	12.0	12.0	11.0	11.0

（4）导线、架空地线的连接。输电线路的每个耐张段长度均不相同，导线架设过程中，除少量作连引外，大部分在耐张杆塔处都采取断引的方式。此外，在制造导线时，每轴线都有一定的长度，所以在导线的架设当中，接头是不可避免的。导线在连接时，容易造成机械强度和电气性能的降低，因而带来某种缺陷。由于这种缺陷，经过长期运行，会发生故障，所以在线路施工时，应尽量减少不必要的接头。

导线和架空地线的接头质量非常重要，导线接头的机械强度不应低于原导线机械强度的 95%，导线接头处的电阻值或电压降值与等长度导线的电阻值或电压降值之比不得超过 1 倍。

电网企业员工安全技能实训教材 ▶▶▶ 输电运检

5．线路运行规程对导线与架空地线的要求

导、架空地线线由于断股、损伤减少截面积的处理标准按表 1-9 的规定。作为运行线路，导线表面部分损伤较多，主要承力部分钢芯未受损伤时，可以采取补修方法，应避免将未损伤的承力钢芯剪断重接，而且补修后应达到原有导线的强度及导电能力。但当导线钢芯受损或导线铝股或铝合金股损伤严重，整体强度降低较大时应切断重压。

表 1-9　导线、架空地线断股、损伤造成强度损失或减少截面积的处理

线别	处　理　方　法			
	金属单丝、预绞式补修条补修	预绞式护线条、普通补修管补修	加长型补修管、预绞式接续条	接续管、预绞式接续条、接续管补强接续条
钢芯铝绞线钢芯铝合金绞线	导线在同一处损伤导致强度损失未超过总拉断力的 5% 且截面积损伤未超过总导电部分截面积的 7%	导线在同一处损伤导致强度损失在总拉断力的 5%～17%，且截面积损伤在总导电部分截面积的 7%～25%	导线损伤范围导致强度损失在总拉断力的 17%～50%，且截面积损伤在总导电部分截面积的 25%～60%；断股损伤截面积超过总面积 25% 切断重接	导线损伤范围导致强度损失在总拉断力的 50% 以上，且截面积损伤在总导电部分截面积的 60% 及以上
铝绞线铝合金绞线	断损伤截面积不超过总面积的 7%	断股损伤截面积占总面积的 7%～25%；断股损伤截面积占总面积的 7%～17%	断股损伤截面积超过总面积 25%～60%；断股损伤截面积超过总面积的 17% 切断重接	断股损伤截面积超过总面积的 60%
镀锌钢绞线	19 股断 1 股	7 股断 1 股；19 股断 2 股	7 股断 2 股；19 股断 3 股切断重接	7 股断 2 股以上；19 股断 3 股以上
OPGW	断损伤截面积不超过总面积的 7%（光纤单元为损伤）	断股损伤截面积占面积的 7%～17%，光纤单元未损伤（修补管不适用）		

注　1. 钢芯铝绞线导线应未伤及钢芯，计算强度损失或总铝截面损伤时，按铝股的总拉断力和铝总截面积作基数进行计算。

　　2. 铝绞线、铝合金绞线导线计算损伤截面时，按导线的总截面积作基数进行计算。

　　3. 良导体架空地线按钢芯铝绞线计算强度损失和铝截面损失。

　　4. 如断股损伤减少截面虽达到切断重接的数值，但确认采用新型的修补方法能恢复到原来强度及载流能力时，亦可采用该补修方法进行处理，而不做切断重接处理。

6．绝缘子运行要求

（1）各类绝缘子出现下述情况时，应进行处理。

8

1）瓷质绝缘子伞裙破损、瓷质有裂纹、瓷釉烧坏。

2）玻璃绝缘子自爆或表面裂纹。

3）棒形及盘形复合绝缘子（伞裙、护套）破损或龟裂，断头密封开裂、老化；复合绝缘子憎水性降低到 HC5 及以下。

4）绝缘横担有严重结垢、裂纹，瓷釉烧坏、瓷质损坏、伞裙破损。

5）绝缘子偏斜角。直线杆塔的绝缘子串顺线路方向的偏斜角（除设计要求的预偏外）大于 7.5°，且其最大偏移值大于 300mm，绝缘横担端部位移大于 100mm；双联悬垂串为弥补污耐压降低而采取"八字形"挂点除外。

（2）绝缘子质量不允许出现下述情况。

1）外观质量。绝缘子钢帽、绝缘件、钢脚不在同一轴线上，钢脚、钢帽、浇筑混凝土有裂纹、歪斜、变形或严重锈蚀，钢脚与钢帽槽口间隙超标。

2）盘型绝缘子绝缘电阻 330kV 及以下线路小于 300MΩ，500kV 及以上线路小于 500MΩ；且盘型瓷绝缘子分布电压为零或低值。

3）锁紧梢脱落变形。

7．对金具的要求

（1）金具质量。金具发生变形、锈蚀、烧伤、裂纹，金具连接处转动不灵活，磨损后的安全系数小于 2.0（即低于原值的 80%）时应予处理或更换。

（2）防振和均压金具。防振锤、阻尼线、间隔棒等防振金具发生位移，屏蔽环、均压环出现倾斜与松动时应予处理或更换。

（3）接续金具。跳线引流板或并沟线夹螺栓扭矩值小于相应规格螺栓的标准扭矩值；压接管外观鼓包、裂纹、烧伤、滑移或出口处断股、弯曲度不符合有关规程要求；跳线联板或并沟线夹处温度高于导线温度 10℃；接续金具过热变色；接续金具压接不实（有抽头或位移）现象，所有这些情况应予及时处理。

8．接地装置的运行要求

架空输电线路杆塔接地对电力系统的安全稳定运行至关重要，降低杆塔接地电阻是提高线路耐雷水平，减少线路雷击跳闸率的主要措施。

（1）检测的工频接地电阻值（已按季节系数换算）不大于设计规定值，水平接地体的季节系数见表1-10。

（2）多根接地引下线接地电阻值不出现明显差别。

（3）接地引下线不应出现断开或与接地体接触不良的现象。

（4）接地装置不应有外露或腐蚀严重的情况，即使被腐蚀后其导体截面积不低于原值的80%。

（5）接地线埋深必须符合设计要求，接地钢筋周围必须回填泥土并夯实，以降低冲击接地电阻值。

表1-10 水平接地体的季节系数

接地射线埋深（m）	季节系数	接地射线埋深（m）	季节系数
0.5	1.4～1.8	0.8～1.0	1.25～1.45

注 检测接地装置工频接地电阻时，如土壤较干燥，季节系数取较小值；土壤较潮湿时，季节系数取较大值。

9．附属设施的运行要求

（1）所有杆塔均应标明线路名称、杆塔编号、相位等标识；同塔多回线路杆塔上各相横担应有醒目的标识和线路名称、杆塔编号、相位等。

（2）标志牌和警告牌应清晰、正确，悬挂位置符合要求。

（3）线路的防雷设施（避雷器）试验符合规程要求，架空地线、耦合地线安装牢固，保护角满足要求。

（4）在线监察装置运行良好，能够正常发挥其监测作用。

（5）防舞防冰装置运行可靠。

（6）防盗防松设施齐全、完整，维护、检测符合出厂要求。

（7）防鸟设施安装牢固、可靠，充分发挥防鸟功能。

（8）光缆应无损坏、断裂、弧垂变化等现象。

1.1.1.2 电缆线路的运行要求

1．电缆本体的运行要求

电缆的路径选择应避免电缆遭受机械性外力、过热、磨蚀等危害，电缆敷设路径应综合考虑路径长度、施工、运行和维修方便等因素，做到统筹兼顾、经济合理、安全适用。在满足安全要求条件下，应保证电缆路径最短。电缆在任何敷设方式下，上下左右改变方向的部位，均应满足电缆允许弯曲半径要求。

对于35kV三相供电回路：工作电流较大的回路或电缆敷设于水下时，每回可选用3根单芯电缆；除此之外，应选用三芯电缆（可选用普通统包型）。对于110kV及以上三相供电回路：每回选用根单根铜芯电缆。

（1）35kV电缆宜选用交联聚乙烯绝缘类型。110、220kV电缆选用交联聚乙烯绝缘类型，35kV及以上交联聚乙烯电缆，导体屏蔽、绝缘、绝缘屏蔽应采用三层共挤工艺。

（2）在电缆夹层、电缆沟、电缆隧道等防火要求高的场所，宜采用阻燃外护层；在有低毒阻燃性防火要求的场所，可选用低卤素的外护层；有鼠害的场所，宜在外护套外添加防鼠金属铠装，或者采用硬质护层；中、高压交联聚乙烯电缆应具有纵向阻水构造；110kV等级以上电缆宜选用阻燃外护套。

（3）电缆导体最小截面选择，应同时满足规划载流量和通过系统最大短路电流时热稳定的要求。持续工作回路和短路电流作用下电缆导体温度，应符合表1-11的规定。

表1-11　　　　　　　　　　导体最高允许温度

电缆绝缘类别	持续工作最高温度（℃）	短路暂态最高温度（℃）
交联聚乙烯	90	250

2．电缆附件的运行要求

电缆附件是电缆线路必不可少的组成部分，如果没有附件，电缆则无法工作。完成输电任务的是由电缆及附件组成的电缆线路整体。可以说电缆附件是电缆功能的一种延续。对于电缆本体的各项要求，如导体截面及表面特性、半导电层、金属屏蔽层、绝缘层及护层等各部分的要求也适用电缆附件，尤其是中间接头，即中间接头的各个部分应对应电缆所有的各个部分。终端也基本一样，只是外绝缘有所特殊。

除此之外，电缆附件还有比电缆本体更多的要求，因为它的结构更复杂、弱点更多、技术上难度更大。主要包括如下技术。

（1）导体连接技术（即热场的问题）。

（2）电场（应力）局部集中问题的处理技术。

（3）纵向绝缘（界面耐电强度/外爬距）。

（4）密封技术。

1）户外电缆终端的外绝缘必须满足污秽等级要求，一般爬电比距不应小于 25mm/kV，且不低于架空线绝缘子串的爬电比距。

2）外露于空气中的电缆终端装置类型应按下列条件选择。

a. 不受阳光直接照射和雨淋的室内环境应选用户内终端，受阳光直接照射和雨淋的室外环境应选用户外终端。

b. 电缆与其他电气设备通过一段连接线时，应选用敞开式终端。110kV 及以上敞开式终端宜设置：防旱罩或屏蔽环、终端与支架绝缘用的底座绝缘子等配套部件。

3）不外露于空气中的电缆终端装置类型应按下列条件选择。

a. 作为电气设备高压出线接口时应选用设备终端，如与变压器直接连接的油浸式终端和用于中压电缆的可分离式连接器。

b. 用于 SF_6 气体绝缘金属封闭组合电器直接相连时应选用 GIS 终端。

4）常用中、高压电力电缆附件的装置类型及用途见表 1-12。

表 1-12   常用中、高压电力电缆附件的装置类型及用途

名　称	用　途	应　用　说　明
直通接头	连接两根电缆形成连续电路	同型号电缆的连接
绝缘接头	将电缆的金属护套、接地屏蔽层和绝缘屏蔽在电气上断开	单芯电缆金属护套交叉互联接地的线路
分支接头	将支线电缆连接至干线电缆	用于 3 根及以上电缆相互连接
户内终端	室内作业环境，电缆与系统其他部分的电气连接，并维持绝缘直到连接点	用于不受阳光直接照射和雨淋的室内环境
户外终端	室外作业环境，电缆与系统其他部分的电气连接，并维持绝缘直到连接点	用于受阳光直接照射和雨淋的室外环境

3．电缆接地系统的运行要求

电缆接地装置包括接地线、接地箱及接地极等，它是一种将金属外护套与系统的接地网相连通，使电缆的金属外护套处于系统零电位的装置，可避免因电缆线路上发生击穿或流过较大电流时造成电缆外护套多点击穿。接地装置异常，可能引起护套悬浮接地、多点接地、接地电阻不合格、护套损耗高等现象。

（1）线路系统接地。电缆的金属护套和铠装、电缆支架和附件支架必须可靠接地。

（2）金属护套或屏蔽层接地。

1）交流系统中三芯电缆的金属层，应在电缆线路两终端和接头等部位直接接地。

2）交流单芯电力电缆线路的金属层上任一点非直接接地处的正常感应电势应满足下列规定。

a．未采取能有效防止人员任意接触金属层的安全措施时，正常感应电势不得大于50V。

b．除a．情况外，正常感应电势不得大于300V。

3）当交流单芯电力电缆线路不长，且感应电压满足要求时，应采取在线路一端或中央部位单点直接接地。

4）交流单芯电力电缆线路较长，单端接地感应电压无法满足要求时，35kV及以下电缆或输送容量较小的35kV以上电缆，可采取在线路两端直接接地。

5）当线路较长时，宜划分适当的单元，设计绝缘接头，使电缆金属护层分隔在三个区段以交叉互联接地。每单元系统中三个分隔区段的长度宜均等。

（3）接地装置选型及安装。

1）电缆金属屏蔽层电压限制器应符合下列规定。

a．在系统可能的大冲击电流作用下的残压，不得大于电缆护层冲击耐受电压的$1/\sqrt{2}$。

b．可能最大工频过电压5s作用下，电缆金属屏蔽层电压限制器能够耐受。

c．可能最大冲击电流累计作用20次，电缆金属屏蔽层电压限制器不被损坏。

2）电压限制器与电缆金属护套的连接线应符合下列规定。

a. 连接线应尽可能短，3m 之内可采用单芯塑料绝缘线，3m 以上宜采用同轴电缆。

b. 连接线的绝缘水平不得低于电缆外护套的绝缘水平。

c. 连接线截面应满足系统单相接地电流通过时的热稳定要求。

（4）接地极的设计安装应根据所敷设的现场环境确定。

1）若敷设于变电站内或距电气设备的接地网较近处，电缆线路两端应与变电站内和电气设备的接地网可靠连接。

2）隧道及接头井的接地网需可靠接地。

3）隧道内、接头井内、电缆沟内电缆支架（金属）应与接地装置可靠连接。

4）位于终端构架处的电缆终端一般可与构架共用接地极。

5）若电缆终端处为隧道出口，终端构架可不加设接地网，其接地引下线与电缆隧道接地网连接。

6）接地极一般可采用镀锌扁钢，镀锌扁钢截面尺寸为 50mm×6mm；接地装置的接地电阻不大于 5Ω，接地电阻达不到要求的可增加接地极长度或采用垂直接地极，垂直接地极长度一般不小于 3m。

1.1.2 检修安全一般要求

1.1.2.1 一般安全措施

（1）任何人进入生产现场（办公室、控制室、值班室和检修班组室除外），应戴安全帽。

（2）工作场所的照明，应该保证足够的亮度。

（3）遇有电气设备着火时，应立即将有关设备的电源切断，然后进行救火。消防器材的配备、使用、维护、消防通道的配置等应遵守 DL 5027—2015《电力设备典型消防规程》的规定。

（4）电气工具和用具应由专人保管，定期进行检查。使用时，应按有关规定接入漏电保护装置、接地线。使用前应检查电线是否完好，有无接地线，不合格的不准使用。

（5）在气温低于零下 10℃时，不宜进行高处作业。确因工作需要进行作业时，作业人员应采取保暖措施，施工场所附近设置临时取暖休息所，并注意防火。高处连续工作时间不宜超过 1h。

（6）在冰雪、霜冻、雨雾天气进行高处作业，应采取防滑措施。

（7）在未做好安全措施的情况下，不准在不坚固的结构上（如彩钢板屋顶）进行工作。

（8）梯子应坚固完整，梯子的支柱应能承受作业人员及所携带的工具、材料攀登时的总重量，硬质梯子的横档应嵌在支柱上，梯阶的距离不应大于 40cm，并在距梯顶 1m 处设限高标志。梯子不宜绑接使用。

（9）在杆塔上水平使用梯子时，应使用特制的专用梯子。工作前应将梯子两端与固定物可靠连接，一般应由一人在梯子上工作。水平使用普通梯子应经过验算、检查合格。

（10）在架空输电线路上使用软梯作业或用梯头进行移动作业时，软梯或梯头上只准一人工作。工作人员到达梯头上进行工作和梯头开始移动前应将梯头的封口可靠封闭，否则应使用保护绳防止梯头脱钩。

1.1.2.2 杆塔检修与施工

杆塔上作业应在良好的天气下进行，在工作中遇有五级以上大风及雷暴雨、冰雹、大雾、沙尘暴等恶劣天气时，应停止工作。特殊情况下，确需在恶劣天气进行抢修时，应组织人员充分讨论必要的安全措施，经本单位主管生产的负责人（总工程师）批准后方可进行。

凡在离地面（坠落高度基准面）2m 及以上的地点进行的工作，都应视作高处作业。

高处作业时，安全带（绳）应挂在牢固的构件上或专为挂安全带用的钢架或钢丝绳上，并不得低挂高用，禁止系挂在移动或不牢固的物件上（如避雷器、断路器、隔离开关、互感器等支持不牢固的物件）。系安全带后应检查扣环是否扣牢。

上杆塔作业前，应先检查根部、基础和拉线是否牢固。新立电杆在杆基未完全牢固或做好临时拉线前，严禁攀登。遇有冲刷、起土、上拔或导地线、拉线松动的电杆，应先培土加固，打好临时拉线或支好杆架后，再行登杆。

在上杆塔前，应先做好登高安全工器具和相关设施的检查工作，例如安全带、脚扣、升降板、梯子是否合格，脚钉、爬梯、防坠装置等是否坚固牢靠。禁止携带器材登杆或在杆塔上移位。严禁利用绳索、拉线上下杆塔或顺杆下滑。

上横担进行工作前，应检查横担连接是否牢固和腐蚀情况，检查时安全带（绳）应系在主杆或牢固的构件上。

作业人员在杆塔上作业时，所使用的安全带应当具备双保险，作业前，主保和后备保护绳应分别系在杆塔的不同牢固部位上，并采取防止安全带从杆顶脱出或被锋利物划伤的措施。在杆塔上转位时，必须手扶牢固的构件，且不得失去后备保护绳的保护。220kV 及以上线路杆塔宜设置高空作业工作人员上下杆塔的防坠安全保护装置。

在高处作业时应当配备工具袋，较大的工具应固定在杆塔的牢固构件上，不得随意乱放。上下传递物件应用绳索拴牢传递，严禁上下抛掷。

在高处作业时，作业点的正下方不得出现工作人员，禁止无关人员在高空落物区通行或逗留。当在行人道口或人口密集区高处作业时，应在作业点下方设置围栏或采取其他有效的保护措施。

如不能避免在杆塔上垂直交叉作业时，应当采取有效的防止落物伤人措施，作业时要上下应密切照应，相互配合。

立、撤杆应设专人统一指挥。开工前，要交代施工方法、指挥信号和安全组织、技术措施，工作人员要明确分工、密切配合、服从指挥。在居民区和交通道路附近立、撤杆时，应具备相应的交通组织方案，并设警戒范围或警告标志，必要时派专人看守。

立、撤杆要使用合格的起重设备，严禁过载使用。

立、撤杆塔过程中基坑内严禁有人工作。除指挥人及指定人员外，其他人员应在离开杆塔高度的 1.2 倍距离以外。

立杆及修整杆坑时，应有防止杆身倾斜、滚动的措施，如采用拉绳和叉杆控制等。

顶杆及叉杆只能用于竖立 8m 以下的拔梢杆，不得用铁锹、桩柱等代用。立杆前，应开好"马道"。工作人员要均匀地分配在电杆的两侧。

利用已有杆塔立、撤杆，应先检查杆塔根部，必要时增设临时拉线或其他补强措施。在带电设备附近进行立撤杆工作，杆塔、拉线与临时拉绳应与带电设备保持足够的安全距离，且有防止立、撤杆过程中拉线跳动的措施。

使用吊车立、撤杆时，钢丝绳套应吊在电杆的适当位置以防止电杆突然倾倒。

在撤杆作业时，拆除杆上导线前，应当先检查电杆根部的情况，并采取防止倒杆措施，在绑好拉绳后方能挖坑。

使用抱杆立、撤杆时，主牵引绳、尾绳、杆塔中心及抱杆顶应在一条直线上。应将抱杆下部固定牢靠，并设置临时拉线控制抱杆顶部，临时拉线应保持均匀调节且控制人员应具备相应的经验。抱杆应受力均匀，两侧拉绳应拉好，不得左右倾斜。固定临时拉线时，不得固定在有可能移动的物体上或其他不可靠的物体上。

整体立、撤杆塔前应进行全面检查，各受力、联结部位全部合格方可起吊。立、撤杆塔过程中，吊件垂直下方、受力钢丝绳的内角侧严禁有人。杆顶起立离地约 0.8m 时，应对杆塔进行一次冲击试验，对各受力点处做一次全面检查，确无问题，再继续起立；起立 70° 后，应减缓速度，注意各侧拉线；起立至 80° 时，停止牵引，用临时拉线调整杆塔。

牵引时，不得利用树木或外露岩石作受力桩，临时拉线不得固定在有可能移动或其他不可靠的物体上。一个锚桩上的临时拉线不得超过二根；临时拉线绑扎工作应由有经验的人员担任。临时拉线应在永久拉线全部安装完毕承力后方可拆除。

已经立起的电杆，回填夯实后方可撤去拉绳及叉杆。回填土块直径应不大于 30mm，每回填 150mm 应夯实一次。杆基未完全夯实牢固和拉线杆塔在拉线未制作完成前，严禁攀登。

杆塔施工中不宜采取临时拉线过夜；如确需过夜时，应当对临时拉线进行加固。

杆塔分段吊装时，上下段连接牢固后，方可继续进行吊装工作。分段分片吊装时，应将各主要受力材联结牢固后，方可继续施工。

杆塔分解组立时，塔片就位时应先低侧、后高侧。主材和侧面大斜材未全部联结牢固前，不得在吊件上作业。提升抱杆时应逐节提升，严禁提升过高。单面吊装时，抱杆倾斜不宜超过15°；双面吊装时，抱杆两侧的荷重、提升速度及摇臂的变幅角度应基本一致。

杆塔检修作业不得随意拆除受力构件，如确需拆除时，应当采取可靠的补强措施。调整杆塔倾斜、弯曲、拉线受力不均或迈步、转向时，应根据作业需要设置临时拉线及确定其调节范围，并设置专人统一指挥。

杆塔上有人时，不得调整或拆除拉线。

在起吊部件过程中，严禁采用边吊边焊的工作方法。只有在摘除钢丝绳后，方可进行焊接。

在有可能引起火灾的场所进行焊接时，应配备合适的消防器材。进行焊接工作时，应采取防止金属熔渣飞溅、掉落造成火灾的措施并且应注意防止烫伤、触电、爆炸等情况发生。焊接人员离开现场前，应检查有无火种留下。

1.1.2.3　放线、紧线与撤线

放线、撤线和紧线工作均应有专人指挥、统一信号，并做到通信畅通、加强监护。工作前应检查放线、撤线和紧线工具及设备是否良好。

交叉跨越各种线路、铁路、公路、河流等地进行放、撤线时，应先取得主管部门同意，做好安全措施，如搭好可靠的跨越架、封航、封路、在路口设专人持信号旗看守等。

在紧线前，应检查导线有无障碍物挂住；紧线时，应检查接线管或接线头以及过滑轮、横担、树枝、房屋等处有无卡住现象。如遇导、地线有卡、挂住现象，应松线后处理。处理时作业人员应站立在卡线处外侧，采用工具、大绳等撬、拉导线。严禁用手直接拉、推导线。

在放线、撤线和紧线工作时，人员不得站在或跨在已受力的牵引绳、导线的内角侧和展放的导、地线圈内以及牵引绳或架空线的垂直下方，防止意外跑线时抽伤。

在紧线、撤线前，应检查拉线、桩锚及杆塔。必要时，应加固桩锚或加设临时拉绳。

严禁采用突然剪导、地线的做法松线。

1.1.2.4 电缆检修与试验

1．检修工作前的准备工作

电力电缆停电工作时需要填用第一种工作票，如果没必要停电的工作应填用第二种工作票。工作之前务必详细查阅有关的路径图、排列图及隐藏工程的图纸资料，一定详细核对电缆名称，标示牌是否与工作票所写的相符合，在安全措施正确可靠后方可开始工作。工作时必须确认需要检修的电缆，这也可以有效地防止由于电缆标牌挂错而认错电缆，导致误断带电电缆事故的发生。以下是两种需要检修的电缆。

（1）终端头故障及电缆体表面有明显故障点的电缆。这类故障电缆，故障迹象较明显，容易确认。

（2）电缆表面没有暴露出故障点的电缆。对于这类故障电缆，除查对资料，核实电缆名称外，还必须用电缆识别仪进行识别，使其与其他运行中的带电电缆区别开来，尤其是在同一断面内有众多电缆时，严格区分需检修的电缆与其他带电的电缆尤为重要。

当锯断电缆时，必须设有可靠的安全保护措施。在锯断电缆前，必须证实确是需要切断的电缆且该电缆无电，然后用接地的带木柄（最好用环氧树脂柄）的铁钎钉入电缆芯后，方可工作。扶木柄的人应戴绝缘手套并站在绝缘垫上，应特别注意保证铁钎接地的良好。

工作中如需移动电缆，则应小心，切忌蛮干，严防损伤其他运行中的电缆。电缆头务必按工艺要求安装，确保质量，不留事故隐患。电缆修复后，应认真核对电缆两端的相位，先去掉原先的相色标志，再套上正确的相色标志，以防新旧相色混淆。

2. 电缆高压试验时的注意事项

电缆高压试验应严格遵守 GB 26859—2011《电力安全工作规程　线路部分》。即使在现场工作条件较差的情况下，对安全的要求也不能有丝毫的降低。分工必须明确，安全注意事项应详细布置。

试验现场应装设封闭式的遮拦或围栏，向外悬挂"止步，高压危险！"标志牌，并派人看守。电缆的另一端也必须派人看守，并保持通信畅通，以防发生突发事件。试验装置、接线应符合安全要求，操作必须规范。

试验时应集中注意力，操作人员应站在绝缘垫上。变更接线或试验结束时，应先断开试验电源放电，并将高压设备的高压部分短路接地。高压直流试验时，每告一段落或试验结束时均应将电缆对地放电数次并短路接地，之后方可接触电缆。

3. 其他注意事项

打开电缆井或电缆沟盖板时，应做好防止交通事故的措施。井的四周应布置好围栏，做好明显的警告标志，并且设置阻挡车辆误入的障碍。尤其是夜间作业的时候，电缆井应有照明，防止行人或车辆落入井内。进入电缆井前，应排除井内浊气。井内工作人员应戴安全帽，并做好防火、防水及防高空落物等措施，井口应有专人看守。

1.1.2.5　坑洞开挖与爆破

挖坑前，应与有关地下管道、电缆等地下设施的主管单位取得联系，明确地下设施的确切位置，做好防护措施。组织外来人员施工时，应将安全注意事项交代清楚，并加强监护。

挖坑时，应及时清除坑口附近浮土、石块，坑边禁止外人逗留；在超过 1.5m 深的基坑内作业时，向坑外抛掷土石应防止土石回落坑内。作业人员不得在坑内休息。

在土质松软处挖坑，应有防止塌方措施，如加挡板、撑木等。不得站在挡板、撑木上传递土石或放置传土工具。禁止由下部掏挖土层。

在下水道、煤气管线、潮湿地、垃圾堆或有腐质物等附近挖坑时，应设监护人。在挖深超过2m的坑内工作时，应采取如戴防毒面具、向坑中送风等安全措施。监护人应密切注意挖坑人员，防止煤气、沼气等有毒气体令挖坑人员中毒。

在居民区及交通道路附近开挖的基坑，应设坑盖或可靠遮栏，加挂警告标牌，夜间挂红灯。

塔脚检查，在不影响杆塔稳定的情况下，可以在对角线的两个塔脚同时挖坑。

进行石坑、冻土坑打眼或打桩时，应检查锤把、锤头及钢钎。作业人员应戴安全帽。扶钎人应站在打锤人侧面。打锤人不得戴手套。钎头有开花现象时，应及时修理或更换。

在变压器台架的木杆上打帮桩时，相邻两杆不得同时挖坑。承力杆打帮桩挖坑时，应采取防止倒杆时的措施。使用铁钎时，注意上方导线。

炸药和雷管应分别运输、携带和存放，严禁和易燃物放在一起，并应有专人保管。运输中雷管应有防震措施。携带雷管时，应将引线短路。电雷管与电池不得由同一人携带。雷雨天不应携带电雷管，并应停止爆破作业。在强电场附近不得使用电雷管。

如在车辆不足的情况下，允许同车携带少量炸药（不超过10kg）和雷管（不超过20个）。携带雷管人员应坐在驾驶室内，车上炸药应有专人管理。

爆破人员应经过专门培训，持证上岗。爆破作业应有专人指挥。

运送和装填炸药时，不得使炸药受到强烈冲击挤压，严禁使用金属物体往炮眼内推送炸药，应使用木棒轻轻捣实。

电雷管的接线和点火起爆应由同一人进行。火雷管的导火索长度应能保证点火人离开危险区范围。点火者于点燃导火索后应立即离开危险区。

爆破基坑应根据土壤性质、药量、爆破方法等规定危险区。一般钻孔闷炮危险区半径应为50m；土坑开花炮危险区半径应为100m；石坑危险区半径应为200m；裸露药包爆破的危险区半径不小于300m。

如用深孔爆破加大药力时，应按具体情况扩大危险范围。

当准备起爆时，除点导火索的人以外，都应离开危险区进行隐蔽。

起爆前要再次检查危险区内是否有人停留，并设人警戒。放炮过程中，严禁任何人进入危险区内。

如需在坑内点火放炮，应事先考虑好点火人能迅速、安全地离开坑内的措施。

当雷管和导火索连接时，应使用专用钳子夹雷管口，严禁碰雷汞部分，严禁用牙咬雷管。

如遇有哑炮时，应等 20min 后再去处理。不得从炮眼中抽取雷管和炸药。重新打眼时，深眼要离原眼 0.6m；浅眼要离原眼 0.3～0.4m，并与原眼方向平行。

爆破时应考虑对周围建筑物、电力线、通信线等设施的影响，如有砸碰可能，应采取特殊措施。

1.1.2.6　起重与运输

起重工作应由有经验的人统一指挥，指挥信号应简明、统一、畅通，分工应明确。参加起重工作的人员应熟悉起重搬运方案和安全措施。

工作前，工作负责人应对起重工作和工器具进行全面的检查。

起重机械，如绞磨、汽车吊、卷扬机、手摇绞车等，应安置平稳牢固，并应设有制动和逆止装置。制动装置失灵或不灵敏的起重机械禁止使用。

起重机械和起重工具的工作荷重应有铭牌规定，使用时不得超出工作荷重。

流动式起重机，工作前应按说明书的要求平整停机场地，牢固可靠地打好支腿。电动卷扬机应可靠接地。

起吊物体应绑牢，物体若有棱角或特别光滑的部分时，在棱角和滑面与绳子接触处应加以包垫。

吊钩应有防止脱钩的保险装置。使用开门滑车时，应将开门勾环扣紧，防止绳索自动跑出。

当重物吊离地面后，工作负责人应再检查各受力部位和被吊物品，无异常情况后方可正式起吊。

在起吊、牵引过程中，严禁人员在受力钢丝绳的周围、上下方、内角侧和起吊物的下面逗留和通过。不得从人头顶通过吊运重物，吊臂下严禁站人。

（1）起重钢丝绳的安全系数应符合下列规定。

1）用于固定起重设备为 3.5。

2）用于人力起重为 4.5。

3）用于机动起重为 5～6。

4）用于绑扎起重物为 10。

5）用于供人升降用为 14。

（2）起重工作时，臂架、吊具、辅具、钢丝绳及重物等与带电体的最小安全距离不得小于 1-13 的规定。

表 1-13　　　　　　　　起重机械与带电体的最小安全距离

线路电压（kV）	<1	1～20	35～110	220	330	500
与线路最大风偏时的安全距离（m）	1.5	2	4	6	7	8.5

复杂道路、大件运输前应组织对道路进行勘查，并向司乘人员交底。

运输爆破器材，氧气瓶、乙炔气瓶等易燃、易爆物件时，应遵守《化学危险物品安全管理条例》的规定，并设标志。

装运电杆、变压器和线盘应绑扎牢固，并用绳索绞紧；水泥杆、线盘的周围应塞牢，防止滚动、移动伤人。运载超长、超高或重大物件时，物件重心与车厢承重中心基本一致，超长物件尾部应设标志。严禁客货混装。

装卸电杆等笨重物件应采取措施，防止散堆伤人。分散卸车时，每卸一根之前，应防止其余杆件滚动；每卸完一处，应将车上其余的杆件绑扎牢固后，方可继续运送。

凡使用机械牵引杆件上山，应将杆身绑牢，钢丝绳不得触磨岩石或坚硬地面，爬山路线左右两侧 5m 以内，不得出现人停留或通过。

人力运输的道路应事先清除障碍物，山区抬运笨重的物件应事先制定运输方案，采取必要的安全措施。

多人抬杠，应同肩，步调一致，起放电杆时应相互呼应协调。重大物件不得直接用肩扛运，雨、雪后抬运物件时应有防滑措施。

在吊起或放落箱式配电设备、变压器、柱上开关或刀闸前，应检查台、构架结构是否牢固。

1.2 保证安全的组织措施

1.2.1 现场勘察制度

进行电力线路施工作业和工作票签发人或工作负责人认为有必要现场勘察的检修作业，施工、检修单位均应根据工作任务组织现场勘察，并填写现场勘察记录。现场勘察由工作票签发人或工作负责人组织。

下列工作必须进行现场勘察，并填写现场勘察记录。

（1）停电检修（常规清扫等不涉及设备变更的工作除外）、改造项目施工作业。

（2）高低压同杆架设、交叉跨越和部分停电线路上的施工作业。

（3）跨越（穿越）铁路、公路、通航河流等施工作业。

（4）带电作业。

（5）外包单位持票的检修作业。

（6）涉及多专业、多单位、多班组的大型复杂作业和非本班组管辖范围内设备检修（施工）的作业。

（7）使用吊车、挖掘机等大型机械的作业。

（8）试验和推广新技术、新工艺、新设备、新材料的作业项目。

（9）工作票签发人或工作负责人认为有必要进行现场勘察的检修作业。

现场勘察应查看现场施工（检修）作业需要停电的范围、保留的带电部位和作业现场的条件、环境及其他危险点等。

根据现场勘察结果，对危险性、复杂性和困难程度较大的作业项目，应编制组织措施、技术措施、安全措施，经本单位分管生产的领导（总工程师）批准后执行。

1.2.2 工作票制度

（1）在电力线路上工作，应按下列方式进行。

1）电力线路第一种工作票。

2）电力线路第二种工作票。

3）电力线路带电作业票。

4）电力电缆第一种工作票。

5）电力电缆第二种工作票。

6）电力线路事故紧急抢修单。

7）口头（电话）命令或电力线路作业派工单。

（2）填用第一种工作票的工作为。

1）在停电的线路或同杆（塔）架设多回路线路中的部分停电线路上的工作。

2）35kV 及以上电力电缆需要停电的工作。

3）在直流线路停电的工作。

4）在直流线路接地极线路或接地极上的工作。

（3）填用第二种工作票的工作为。

1）在带电线路杆塔上工作与带电导线最小安全距离不小于表 1-14 规定的距离。

表 1-14　　　在带电线路杆塔上工作与带电导线最小安全距离

电压等级（kV）	安全距离（m）	电压等级（kV）	安全距离（m）
10 及以下	0.7	500	5.0
20、35	1.0	1000	9.5
110	1.5	±500	6.8
220	3.0	±800	10.1

注　表中未列电压应选用高一电压等级的安全距离。

2）35kV 及以上电力电缆不需要停电的工作。

3）在有运行电缆的电缆沟内进行不停电工作。

4）直流线路上不需要停电的工作。

5）直流线路接地极线路上不需要停电的工作。

电力线路带电作业工作票适用带电作业或与邻近带电设备距离小于表1-14、大于表1-15规定的距离。

表 1-15　　　　　　　带电作业时人身与带电体间的安全距离

电压等级 （kV）	10	20	35	110	220	500	1000	±500	±800
距离 （m）	0.4	0.5	0.6	1.0	1.8 (1.6)①	3.4 (3.2)②	6.8 (6.0)③	3.4	6.8

注　表中数据是根据线路带电作业安全要求提出的。除标注数据外，其他电压等级数据按海拔1000m校正。

① 220kV带电作业安全距离因受设备限制达不到1.8m时，经单位批准，并采取必要的措施后，可采用括号内1.6m的数值。

② 海拔500m以下，500kV取3.2m值，但不适用500kV紧凑型线路。海拔在500～1000m时，500kV取3.4m值。

③ 此为单回输电线路数据，括号中数据6.0m为边相值，6.8m为中相值。表中数值不包括人体占位间隙，作业中需考虑人体占位间隙不得小于0.5m。

（4）事故紧急抢修单适用如下。

事故紧急抢修应填用事故紧急抢修单或工作票。事故紧急抢修原则上指隔离故障点，尽快恢复运行，并仅限于在4h之内完成、中间无工作间断的抢修工作。超过4h的抢修工作必须使用工作票。

（5）口头（电话）命令或使用电力线路作业派工单的工作如下。

1）测量接地电阻。

2）修剪树枝。

3）杆塔底部和基础等地面检查、消缺工作。

4）红外、紫外、激光等地面测量工作。

5）无人机巡检工作。

6）激光炮清除异物工作。

7）在杆塔涂写杆塔号、安装标示牌、紧固螺栓、杆塔防腐等工作。

8）最下层导线以下，并能够在保持表1-16所示安全距离下的工作。

表 1-16		邻近或交叉其他电力线工作的安全距离	
电压等级（kV）	安全距离（m）	电压等级（kV）	安全距离（m）
10 及以下	1.0	500	6.0
20、35	2.5	1000	10.5
110	3.0	±500	7.8
220	4.0	±800	11.1

注 表中未列电压应选用高一电压等级的安全距离。

在电力电缆线路上的工作，凡需要多方许可的，应使用电力电缆工作票。

在运用中的输电线路上从事基建、电力监控、信息、通信施工作业，应严格执行线路工作票，同时执行 GB 26859—2011《电力安全工作规程 线路部分》相关专业规定。

1.2.3 工作许可制度

（1）填用第一种工作票进行工作，工作负责人应在得到全部工作许可人的许可后，方可开始工作。

线路停电检修，工作许可人应在线路可能受电的各方面（含变电站、发电厂、环网线路、分支线路、用户线路和配合停电的线路）都已停电，并挂好操作接地线后，方能发出许可工作的命令。

值班调控人员或运维人员在向工作负责人发出许可工作的命令前，应将工作班组名称、数目、工作负责人姓名、工作地点和工作任务做好记录。

许可开始工作的命令，应通知工作负责人。可采用如下方法：

1）当面通知。

2）电话下达。

3）派人送达。

电话下达时，工作许可人及工作负责人应记录清楚明确，并复诵核对无误。对直接在现场许可的停电工作，工作许可人和工作负责人应在工作票上记录许可时间，并签名。

若停电线路作业还涉及其他单位配合停电的线路，工作负责人应在得到指定的配合停电设备运维管理单位（部门）联系人通知这些线路已停电和接地，并履行工作许可书面手续后，才可开始工作。

禁止约时停、送电。

（2）填用电力线路第二种工作票时，不需要履行工作许可手续。

1.2.4　工作监护制度

工作许可手续完成后，工作负责人、专责监护人应向工作班成员交代工作内容、人员分工、带电部位和现场安全措施、进行危险点告知，并履行确认手续，装完工作接地线后，工作班方可开始工作。工作负责人、专责监护人应始终在工作现场，对工作班人员的安全进行认真监护，及时纠正不安全的行为。在线路停电时进行工作，工作负责人在班组成员确无触电等危险的条件下，可以参加工作班工作。

工作票签发人或工作负责人对有触电危险、施工复杂容易发生事故的工作，应增设专责监护人和确定被监护的人员。专责监护人不准兼做其他工作。专责监护人临时离开时，应通知被监护人员停止工作或离开工作现场，待专责监护人回来后方可恢复工作。若专责监护人必须长时间离开工作现场时，应由工作负责人变更专责监护人，履行变更手续，并告知全体被监护人员。

工作期间，工作负责人若因故暂时离开工作现场时，应指定能胜任的人员临时代替，离开前应将工作现场交代清楚，并告知工作班成员。原工作负责人返回工作现场时，也应履行同样的交接手续。若工作负责人必须长时间离开工作现场时，应由原工作票签发人变更工作负责人，履行变更手续，并告知全体作业人员及工作许可人。原、现工作负责人应做好必要的交接。

1.2.5　工作间断、转移制度

在工作中遇雷、雨、大风或其他任何情况威胁到作业人员的安全时，工作负责人或专责监护人可根据情况，临时停止工作。

白天工作间断时，工作地点的全部接地线仍保留不动。如果工作班须暂时离开工作地点，则应采取安全措施和派人看守，不让人、畜接近挖好的基坑或未竖立稳固的杆塔以及负载的起重和牵引机械装置等。恢复工作前，应检查接地线等各项安全措施的完整性。

填用数日内工作有效的第一种工作票，每日收工时，如果将工作地点所装的接地线拆除，次日恢复工作前应重新验电挂接地线。

经调度允许的连续停电、夜间不送电的线路，工作地点的接地线可以不拆除，但次日恢复工作前应派人检查。

1.2.6　工作终结和恢复送电制度

完工后，工作负责人（包括小组负责人）应检查线路检修地段的状况，确认在杆塔上、导线上、绝缘子串上及其他辅助设备上没有遗留的个人保安线、工具、材料等，查明全部作业人员确由杆塔上撤下后，再命令拆除工作地段所挂的接地线。接地线拆除后，应即认为线路带电，不准任何人再登杆进行工作。多个小组工作，工作负责人应得到所有小组负责人工作结束的汇报。

工作终结后，工作负责人应及时报告工作许可人，报告方法如下：

（1）当面报告。

（2）用电话报告并经复诵无误。

若有其他单位配合停电线路，还应及时通知指定的配合停电设备运维管理单位（部门）联系人。

工作终结的报告应简明扼要，并包括：工作负责人姓名，某线路上某处（说明起止杆塔号、分支线名称等）工作已经完工，设备改动情况，工作地点所挂的接地线、个人保安线已全部拆除，线路上已无本班组作业人员和遗留物，可以送电。

工作许可人在接到所有工作负责人（包括用户）的完工报告，并确认全部工作已经完毕，所有作业人员已由线路上撤离，接地线已经全部拆除，与记录核对无误并做好记录后，方可下令拆除安全措施，向线路恢复送电。

已终结的工作票、事故紧急抢修单、工作任务单应保存一年。

1.3　保证安全的技术措施

1.3.1　停电

进行线路停电作业前，应做好下列安全措施。

（1）断开发电厂、变电站、换流站、开闭所、配电站（所）（包括用户设备）等线路开关和刀闸。

（2）断开线路上需要操作的各端（含分支）开关、刀闸和熔断器。

（3）断开危及线路停电作业，且不能采取相应安全措施的交叉跨越、平行和同杆架设线路（包括用户线路）的开关、刀闸和熔断器。

（4）断开可能反送电的低压电源的开关、刀闸和熔断器。

停电设备的各端，应有明显的断开点，若无法观察到停电设备的断开点，应有能够反映设备运行状态的电气和机械等指示。

可直接在地面操作的开关、刀闸的操动机构（操作机构）上应加锁，不能直接在地面操作的开关、刀闸应悬挂标示牌；跌落式熔断器的熔管应摘下或悬挂标示牌。

1.3.2　验电

在停电线路工作地段接地前，应使用相应电压等级、合格的接触式验电器验明线路确无电压。

直流线路和330kV及以上的交流线路，可使用合格的绝缘棒或专用的绝缘绳验电。验电时，绝缘棒或绝缘绳的金属部分应逐渐接近导线，根据有无放电声和火花来判断线路是否确无电压。验电时应戴绝缘手套。

验电前，应先在有电设备上进行试验，确认验电器良好；无法在有电设备上进行试验时，可用工频高压发生器等确证验电器良好。验电时人体应与被验电设备保持表1-14的距离，并设专人监护。使用伸缩式验电器时应保证绝缘的有效长度。

对无法进行直接验电的设备和雨雪天气时的户外设备，可以进行间接验电。即通过设备的机械指示位置、电气指示、带电显示装置、仪表及各种遥测、遥信等信号的变化来判断。判断时，至少应有两个非同样原理或非同源的指示发生对应变化，且所有这些确定的指示均已同时发生对应变化，才能确认该设备已无电。以上检查项目应填写在操作票中作为检查项。检查中若发现其他任何信号有异常，均应停止操作，查明原因。若进行遥控操作，可采用上述的间接方法或其他可靠的方法进行间接验电。

对同杆塔架设的多层电力线路进行验电时，应先验低压、后验高压，先验下层、后验上层，先验近侧、后验远侧。禁止作业人员穿越未经验电、接地的10kV及以下线路对上层线路进行验电。

线路的验电应逐相（直流线路逐极）进行。检修联络用的开关、刀闸或其组合时，应在其两侧验电。

1.3.3 接地

线路经验明确无电压后，应立即装设接地线并三相短路（直流线路两极接地线分别直接接地）。各工作班、工作地段、各端和有可能送电到停电线路工作地段的分支线（包括用户）都应验电、装设工作接地线。直流接地极线路，作业点两端应装设接地线。配合停电的线路可以只在工作地点附近装设一处工作接地线。装、拆接地线应在监护下进行。工作接地线应全部列入工作票，工作负责人应确认所有工作接地线均已挂设完成方可宣布开工。禁止作业人员擅自变更工作票中指定的接地线位置。如需变更，应由工作负责人征得工作票签发人同意，并在工作票上注明变更情况。

同杆塔架设的多层电力线路挂接地线时，应先挂低压、后挂高压，先挂下层、后挂上层，先挂近侧、后挂远侧。拆除时顺序相反。

成套接地线应由有透明护套的多股软铜线和专用线夹组成，其截面不准小于25mm^2，同时应满足装设地点短路电流的要求。禁止使用其他导线作接地线或短路线。接地线应使用专用的线夹固定在导体上，禁止用缠绕的方法进行接地或短路。

装设接地线时，应先接接地端，后接导线端，接地线应接触良好、连接应可靠。拆接地线的顺序与此相反。装、拆接地线导体端均应使用绝缘棒或专用的绝缘绳。人体不准碰触接地线和未接地的导线。

在杆塔或横担接地良好的杆塔的条件下装设接地时，接地线可单独或合并后接到杆塔上，但杆塔接地电阻和接地通道应良好。杆塔与接地线连接部分应清除油漆，接触良好。

无接地引下线的杆塔，可采用临时接地体。临时接地体的截面积不准小于 190mm²（如 □16 圆钢）、埋深不准小于 0.6m。对于土壤电阻率较高地区，如岩石、瓦砾、沙土等，应采取增加接地体根数、长度、截面积或埋地深度等措施改善接地电阻。

在同杆塔架设多回线路杆塔的停电线路上装设的接地线，应采取措施防止接地线摆动，并满足表 1-14 安全距离的规定。断开耐张杆塔引线或工作中需要拉开开关、刀闸时，应先在其两侧装设接地线。

电缆及电容器接地前应逐相充分放电，星形接线电容器的中性点应接地，串联电容器及与整组电容器脱离的电容器应逐个多次放电，装在绝缘支架上的电容器外壳也应放电。

1.3.4　使用个人保安线

工作地段如有邻近、平行、交叉跨越及同杆塔架设带电线路，为防止停电检修线路上感应电压伤人，在需要接触或接近导线工作时，应使用个人保安线。

个人保安线应在杆塔上接触或接近导线的作业开始前挂接，作业结束脱离导线后拆除。装设时，应先接接地端，后接导线端，且接触良好，连接可靠。拆个人保安线的顺序与此相反。个人保安线由作业人员负责自行装、拆。

个人保安线应使用有透明护套的多股软铜线，截面积不准小于 16mm²，且应带有绝缘手柄或绝缘部件。禁止用个人保安线代替接地线。

在杆塔或横担接地通道良好的条件下，个人保安线接地端允许接在杆塔或横担上。

1.3.5　悬挂标示牌和装设遮栏（围栏）

在一经合闸即可送电到工作地点的开关、刀闸及跌落式熔断器的操作处，均应悬挂"禁止合闸，线路有人工作！"或"禁止合闸，有人工作！"的标示牌。

进行地面配电设备部分停电的工作，人员工作时距设备小于表 1-17 安全距离以内的未停电设备，应增设临时围栏。临时围栏与带电部分的距离，不准小于表 1-18 的规定。临时围栏应装设牢固，并悬挂"止步，高压危险！"的标示牌。

35kV 及以下设备可用与带电部分直接接触的绝缘隔板代替临时遮栏。绝缘隔板绝缘性能应符合 GB 26859—2011《电力安全工作规程　线路部分》附录 L 的要求。

表 1-17   设备不停电时的安全距离

电压等级（kV）	安全距离（m）
10 及以下	0.70
20、35	1.00
110	1.50

注　表中未列电压应选用高一电压等级的安全距离。

表 1-18   工作人员工作中正常活动范围与带电设备的安全距离

电压等级（kV）	安全距离（m）
10 及以下	0.35
20、35	0.60
110	1.50

注　表中未列电压应选用高一电压等级的安全距离。

在城区、人口密集区地段或交通道口和通行道路上施工时，工作场所周围应装设遮栏（围栏），并在相应部位装设标示牌。必要时，派专人看管。

占用公路的施工作业，应根据公路实际情况设置安全警示标志。一般情况下，白天应当在距来车方向不少于 50m 的地段设置道路施工安全警示标志；夜间在距来车方向不少于 100m 处设置反光标志。

安全围栏、标示牌的设置必须完整、可靠、醒目。在安全围栏的适当地点悬挂标示牌。

作业人员不得擅自移动或拆除已设置好的安全围栏，如有特殊情况需要变更安全围栏，应征得工作负责人同意。

工作间断、恢复时，工作负责人应组织工作班成员对现场的安全措施进行全面检查，满足要求方可开始工作。

工作结束后，工作班组负责拆除所设安全围栏、标志牌，工作负责人要确认安全措施全部拆除。

遇恶劣天气应采取措施，确保安全围栏、标志牌牢固可靠。

1.4 安全工器具的规范使用和管理

1.4.1 安全工器具的分类

绝缘安全工器具分为基本绝缘安全工器具、带电作业安全工器具和辅助绝缘安全工器具。

1. 基本绝缘安全工器具

基本绝缘安全工器具是指能直接操作带电装置、接触或可能接触带电体的工器具，其中大部分为带电作业专用绝缘安全工器具，包括电容型验电器、携带型短路接地线、绝缘杆、核相器、绝缘遮蔽罩、绝缘隔板、绝缘绳和绝缘夹钳等。

2. 带电作业绝缘安全工器具

带电作业安全工器具是指在带电装置上进行作业或接近带电部分所进行的各种作业所使用的工器具，特别是工作人员身体的任何部分或采用工具、装置或仪器进入限定的带电作业区域的所有作业所使用的工器具，包括带电作业用绝缘安全帽、绝缘服装、屏蔽服装、带电作业用绝缘手套、带电作业用绝缘靴（鞋）、带电作业用绝缘垫、带电作业用绝缘毯、带电作业用绝缘硬梯、绝缘托瓶架、带电作业用绝缘绳（绳索类工具）、绝缘软梯、带电作业用绝缘滑车和带电作业用提线工具等。

3. 辅助绝缘安全工器具

辅助绝缘安全工器具的绝缘强度不能承受设备或线路的工作电压，只是用于加强基本绝缘工器具的保安作用，用以防止接触电压、跨步电压、泄漏电流电弧对操作人员的伤害。不能用辅助绝缘安全工器具直接接触高压设备带电部分。辅助绝缘安全工器包括辅助型绝缘手套、辅助型绝缘靴（鞋）和辅助型绝缘胶垫。

1.4.2 安全工器具的检查及使用

安全工器具使用前，应检查确认绝缘部分无裂纹、无老化、无绝缘层脱落、无严重伤痕等现象以及固定连接部分无松动、无锈蚀、无断裂等现象。对其绝缘部分的外观有疑问时应经绝缘试验合格后方可使用。

（1）安全帽：使用前，应检查帽壳、帽衬、帽箍、顶衬、下颏带等附件完好无损。使用时，应将下颏带系好，防止工作中前倾后仰或其他原因造成滑落。

（2）绝缘手套：应柔软、接缝少、紧密牢固，长度应超衣袖。使用前应检查无粘连破损，气密性检查不合格者不得使用。

（3）绝缘操作杆：验电器和测量杆允许使用电压应与设备电压等级相符。使用时，作业人员手不得越过护环或手持部分的界限。人体应与带电设备保持安全距离，并注意防止绝缘杆被人体或设备短接，以保持有效的绝缘长度。雨天在户外操作电气设备时，操作杆的绝缘部分应有防雨罩或使用带绝缘子的操作杆。

（4）成套接地线：接地线的两端夹具应保证接地线与导体和接地装置都能接触良好、拆装方便，有足够的机械强度，并在大短路电流通过时不致松脱。使用前应检查确认完好，禁止使用绞线松股、断股、护套严重破损、夹具断裂松动的接地线。

（5）脚扣和登高板：禁止使用金属部分变形和绳（带）损伤的脚扣和登高板。特殊天气使用脚扣和登高板，应采取防滑措施。

1.4.3 安全工器具的保管

1. 橡胶塑料类安全工器具

橡胶塑料类安全工器具应存放在干燥、通风、避光的环境下，存放时离开地面和墙壁 20cm 以上，离开发热源 1m 以上，避免阳光、灯光或其他光源直射，避免雨雪浸淋，防止挤压、折叠和尖锐物体碰撞，严禁与油、酸、碱或其他腐蚀性物品存放在一起。

（1）防护眼镜保管于干净、不易碰撞的地方。

（2）防毒面具应存放在干燥、通风，无酸、碱、溶剂等物质的库房内，严禁重压。防毒面具的滤毒罐（盒）的储存期为 5 年（3 年），过期产品应经检验合格后方可使用。

（3）空气呼吸器在贮存时应装入包装箱内，避免长时间暴晒，不能与油、酸、碱或其他有害物质共同贮存，严禁重压。

（4）防电弧服贮存前必须洗净、晾干。不得与有腐蚀性物品放在一起，存放处应干燥通风，避免长时间接触地气受潮。防止紫外线长时间照射。长时间保存时，应注意定期晾晒，以免霉变、虫蛀以及滋生细菌。

（5）橡胶和塑料制成的耐酸服存放时应注意避免接触高温，用后清洗晾干，避免暴晒，长期保存应撒上滑石粉以防粘连。合成纤维类耐酸服不宜用热水洗涤、熨烫，避免接触明火。

（6）绝缘手套使用后应擦净、晾干，保持干燥、清洁，最好撒上滑石粉以防粘连。绝缘手套应存放在干燥、阴凉的专用柜内，与其他工具分开放置，其上不得堆压任何物件，以免刺破手套。绝缘手套不允许放在过冷、过热、阳光直射和有酸、碱、药品的地方，以防胶质老化，降低绝缘性能。

（7）橡胶、塑料类等耐酸手套使用后应将表面酸碱液体或污物用清水冲洗、晾干，不得暴晒及烘烤。长期不用可撒涂少量滑石粉，以免发生粘连。

（8）绝缘靴（鞋）应放在干燥通风的仓库中，防止霉变。贮存期限一般为24个月（自生产日期起计算），超过24个月的产品须逐只进行电性能预防性试验，只有符合标准规定的鞋，方可以电绝缘鞋销售或使用。电绝缘胶靴不允许放在过冷、过热、阳光直射和有酸、碱、油品、化学药品的地方。应存放在干燥、阴凉的专用柜内或支架上。

（9）耐酸靴穿用后，应立即用水冲洗，存放阴凉处，撒滑石粉以防粘连，应避免接触油类、有机溶剂和锐利物。

（10）当绝缘垫（毯）脏污时，可在不超过制造厂家推荐的水温下对其用肥皂进行清洗，再用滑石粉让其干燥。如果绝缘垫粘上了焦油和油漆，应立即用适当的溶剂对受污染的地方进行擦拭，应避免溶剂使用过量。汽油、石蜡和纯酒精可用来清洗焦油和油漆。绝缘垫（毯）贮存在专用箱内，对潮湿的绝缘垫（毯）应进行干燥处理，但干燥处理的温度不能超过65℃。

（11）防静电鞋和导电鞋应保持清洁。如表面污染尘土、附着油蜡、粘贴绝缘物或因老化形成绝缘层后，对电阻影响很大。刷洗时要用软毛刷、软布蘸酒精或不含酸、碱的中性洗涤剂。

（12）绝缘遮蔽罩使用后应擦拭干净，装入包装袋内，放置于清洁、干燥通风的架子或专用柜内，上面不得堆压任何物件。

2．环氧树脂类安全工器具

环氧树脂类安全工器具应置于通风良好、清洁干燥、避免阳光直晒和无腐蚀、有害物质的场所保存。

（1）绝缘杆应架在支架上或悬挂起来，且不得贴墙放置。

（2）绝缘隔板应统一编号，存放在室内干燥通风、离地面 200mm 以上专用的工具架上或柜内。如果表面有轻度擦伤，应涂绝缘漆处理。

（3）接地线不用时将软铜线盘好，存放在干燥室内，宜存放在专用架上，架上的号码与接地线的号码应一致。

（4）核相器应存放在干燥通风的专用支架上或者专用包装盒内。

（5）验电器使用后应存放在防潮盒或绝缘安全工器具存放柜内，置于通风干燥处。

（6）绝缘夹钳应保存在专用的箱子或匣子里以防受潮和磨损。

3．纤维类安全工器具

纤维类安全工器具应放在干燥、通风、避免阳光直晒、无腐蚀及有害物质的位置，并与热源保持 1m 以上的距离。

（1）安全带不使用时，应由专人保管。安全带不应接触高温、明火、强酸、强碱或尖锐物体，不应存放在潮湿的地方。应对安全带定期进行外观检查，发现异常必须立即更换，检查频次应根据安全带的使用频率确定。

（2）安全绳每次使用后应检查，并定期清洗。

（3）安全网不使用时，应由专人保管，储存在通风、避免阳光直射，干燥环境，不应在热源附近储存，避免接触腐蚀性物质或化学品，如酸、染色剂、有机溶剂、汽油等。

（4）合成纤维带速差式防坠器，如果纤维带浸过泥水、油污等，应使用清水（勿用化学洗涤剂）和软刷对纤维带进行刷洗，清洗后放在阴凉处自然干燥，并存放在干燥少尘环境下。

（5）静电防护服装应保持清洁，保持防静电性能，使用后用软毛刷、软布蘸中性洗涤剂刷洗，不可损伤服料纤维。

（6）屏蔽服装应避免熨烫和过度折叠，应包装在一个里面衬有丝绸布的塑料袋里，避免导电织物的导电材料在空气中氧化。整箱包装时，避免屏蔽服装受重压。

4．其他类安全工器具

（1）钢绳索速差式防坠器，如钢丝绳浸过泥水等，应使用涂有少量机油的棉布对钢丝绳进行擦洗，以防锈蚀。

（2）安全围栏（网）应保持完整、清洁无污垢，成捆整齐存放。

（3）标识牌、警告牌外观应醒目，无弯折、无锈蚀，摆放整齐。

1.4.4 安全工器具的试验

安全工器具应通过国家、行业标准规定的型式试验，出厂试验及预防性试验。进口产品的试验不低于国内同类产品标准。

预防性试验是为了发现电力安全工器具的隐患、预防发生设备或人身事故，对其进行的检查、试验或检测。应进行预防性试验的安全工器具如下。

（1）规程要求进行试验的安全工器具。

（2）新购置和自制安全工器具使用前。

（3）检修后或关键零部件经过更换的安全工器具。

（4）对其机械、绝缘性能产生疑问或发现缺陷的安全工器具。

（5）发现质量问题的同批次安全工器具。

安全工器具使用期间应按规定做好预防性试验。安全工器具经预防性试验合格后，应由检验机构在合格的安全工器具上（不妨碍绝缘性能、使用性能且醒目的部位）牢固粘贴"合格证"标签或可追溯的唯一标识，并出具检测报告。预防性试验项目、周期、要求和试验时间一览表以及试验报告、合格证内容、格式见《国家电网公司电力安全工器具管理规定》。

1.5 生产现场的安全设施

为规范电力线路安全设施的配置，创造安全清晰的工作环境，保障作业人员的安全与健康，依据职业安全卫生有关法律、法规和安全管理有关规定，结合电力线路现场实际，对电力线路生产活动所涉及的场所、设备（设施）、检修施工等特定区域以及其他有必要提醒人们注意安全的场所，配置标准化安全设施。

1.5.1 安全标志

安全标志是用以表达特定安全信息的标志，由图形符号、安全色、几何形状（边框）和文字构成。在输电线路生产作业中常见的安全标志分禁止标志、警告标志、指令标志、提示标志和消防安全标志、道路交通标志等特定类型。安全标志一般使用相应的通用图形标志和文字辅助标志的组合标志。安全标志一般采用标志牌的形式，宜使用衬边，以使安全标志与周围环境之间形成较为强烈的对比。安全标志所用的颜色、图形符号、几何形状、文字，标志牌的材质、表面质量、衬边及型号选用、设置高度、使用要求应符合 GB 2894—2008《安全标志及其使用导则》的规定。

安全标志牌应设在与安全有关场所的醒目位置，便于走近电力线路或进入电缆隧道的人们看见，并有足够的时间来注意它所表达的内容。环境信息标志宜设在有关场所的入口处和醒目处；局部环境信息应设在所涉及的相应危险地点或设备（部件）的醒目处。

安全标志牌不宜设在可移动的物体上，以免标志牌随母体物体相应移动，影响认读。安全标志牌前不得放置妨碍认读的障碍物。多个安全标志牌在一起设置时，应按照警告、禁止、指令、提示类型的顺序，先左后右、先上后下地排列，且应避免出现相互矛盾、重复的现象。也可以根据实际，使用多重标志。

1.5.1.1 禁止标志

禁止标志是用以表达禁止或制止人们不安全行为的图形标志。禁止标志牌的基本型式是一长方形衬底牌，上方是带斜杠的圆边框的禁止标志，下方是矩形边框的文字辅助标志。长方形衬底色为白色，带斜杠的圆边框为红色，标志符号为黑色，辅助标志为红底白字、黑体字，字号可根据标志牌尺寸、字数适当调整，禁止标志如图 1-1 所示。

图 1-1　禁止标志

1.5.1.2　警告标志

警告标志是用以表达提醒人们对周围环境引起注意，以避免可能发生危险的图形标志。警告标志牌的基本型式是一长方形衬底牌，上方是正三角形边框的警告标志，下方是矩形边框的文字辅助标志。长方形衬底色为白色，正三角形边框底色为黄色，边框及标志符号为黑色，辅助标志为黄底黑字、黑体字，字号根据标志牌尺寸、字数调整，警告标志如图 1-2 所示。

图 1-2　警告标志

1.5.1.3　指令标志

指令标志是用以表达强制人们必须做出某种动作或采用防范措施的图形标志。指令标志牌的基本型式是一长方形衬底牌，上方是圆形边框的指令标志，下方是矩形边框的文字辅助标志。长方形衬底色为白色，圆形衬底色为蓝色，标志符号为白色，辅助标志为蓝底白字、黑体字，字号可根据标志牌尺寸、字数适当调整，指令标志如图 1-3 所示。

图 1-3 指令标志

1.5.1.4 提示标志

提示标志是用以表达向人们提供某种信息（如标明安全设施或场所等）的图形标志。提示标志牌的基本型式是一正方形衬底牌和相应文字。衬底色为绿色，标志符号为白色，文字为黑色（白色）黑体字，字号根据标志牌尺寸、字数调整，提示标志如图 1-4 所示。

图 1-4 提示标志

移动式安全标志可用金属板、塑料板、木板制作，固定式安全标志可直接画在墙壁或机具上。但有触电危险场所的标志牌，必须用绝缘材料制作。

安全标志牌应挂在需要传递信息的相应部位，且又十分醒目处。门、窗等可移动物体上不得悬挂标志牌，以免这些物体移动，人看不到安全信息。

1.5.1.5 道路交通标志

变电站设置限制高度、速度等禁令标志，基本型式一般为圆形，白底，红圈，黑图案。其设置、位置、型式、尺寸、图案和颜色等应符合 GB 5768.2—2022《道路交通标志和标线　第 2 部分：道路交通标志》、GB 4387—2008《工业企业厂内铁路、道路运输安全规程》的规定。

1．限高标志

限制高度标志表示禁止装载高度超过标志所示数值的车辆通行。变电站入口处、不同电压等级设备区入口处等最大允许高度受限制的地方应设置限制高度标志牌（装置）。限制高度标志牌的基本形状为圆形，白底，红圈，黑图案。图 1-5 为限制高度标志牌示例，表示装载高度超过 2.2m 的车辆禁止进入。

2．限速标志

限制速度标志表示该标志至前方解除限制速度标志的路段内，机动车行驶速度（单位为 km/h）不准超过标志所示数值。变电站入口处、变电站主干道及转角处等需要限制车辆速度的路段的起点应设置限制速度标志牌。限制速度标志牌的基本形状为圆形，白底，红圈，黑图案。图 1-6 为限制速度标志牌示例，表示限制速度为 5km/h。

图 1-5　限制高度标志牌示例　　　　图 1-6　限制速度标志牌示例

3．常用交通安全标志、设施

常用交通安全标志、设施包括"前方施工""道路封闭""车辆慢行"标示牌、锥形交通标等，常用交通安全标志如图 1-7 示例。

图 1-7　常用交通安全标志

携带式的标示牌应采用非金属材质，非携带式的标示牌可采用铝合金、不锈钢、搪瓷等材质。标示牌外形应完整，表面清洁，图案、字体清晰。锥形交通标，锥体上有反光膜或涂有反光漆。

"前方施工"标示牌：设置于有施工作业的道路两端或交通道口，距作业地点根据道路情况设置，用于警告通行车辆降低车速或绕道行驶。

"道路封闭"标示牌：设置于因施工作业需封闭的道路两端或交通道口，距作业地点不少于50m，与"前方施工"标示牌配合使用，用于警告来往车辆前方施工危险，车辆不能通过，以确保车辆和人身安全。

"车辆慢行"标示牌：设置于因施工作业需车辆慢行的道路两端或交通道口，距作业地点不少于50m，与"前方施工"标示牌配合使用，用于警告通行车辆降低车速，以便在作业人员的监护和引导下安全通过。

锥形交通标：用于允许车辆通行区域和作业区域之间的安全隔离，以提醒过往车辆及行人注意前方施工，减速慢行或绕行。

1.5.1.6 消防安全标志

应在重点防火部位入口处以及储存易燃易爆物品仓库门口处合理配置灭火器等消防器材，在火灾易发生部位设置火灾探测和自动报警装置。各生产场所应有逃生路线的标示，楼梯主要通道门上方或左（右）侧装设紧急撤离提示标志。图1-8为地上与地下消防栓标志。

图1-8 地上与地下消防栓标志

消防安全标志表明下列内容的位置和性质：

（1）火灾报警和手动控制装置。

（2）火灾时疏散途径。

（3）灭火设备。

（4）具有火灾、爆炸危险的地方或物质。消防安全标志按照主题内容与适用范围，分为火灾报警及灭火设备标志、火灾疏散途径标志和方向辅助标志，其设置场所、原则、要求和方法等应符合 GB 13495.1—2015《消防安全标志　第1部分：标志》、GB 15630—1995《消防安全标志设置要求》的规定。

1.5.2　设备标志

设备标志是指用以标明设备名称、编号等特定信息的标志，由文字和（或）图形构成。电力线路应配置醒目的标志。配置标志后，不应构成对人身伤害的潜在风险。设备标志应定义清晰，且能够准确反映设备的功能、用途和属性。同一单位的每台设备标志的内容应是唯一的，禁止出现两个或多个内容完全相同的设备标志。

1.5.2.1　架空输电线路标志及设置规范

线路每基杆塔均应配置标志牌或涂刷标志，标明线路的名称、电压等级和杆塔号。新建线路杆塔号应与杆塔数量一致，图1-9为常见的线路标志牌样式。若线路改建，则改建线路段的杆塔号可采用"$n+1$"或"$n-1$"（"n"为改建前的杆塔编号）形式。

图1-9　常见的线路标志牌样式

耐张型杆塔、分支杆塔和换位杆塔前后各一基杆塔上，应有明显的相位标志。相位标志牌的基本形状为圆形，标准颜色为黄色、绿色、红色。相位标志牌如图1-10所示。

在杆塔的适当位置宜喷涂线路名称和杆塔号，以使在标志牌丢失情况下仍能正确辨识杆塔。

杆塔标志牌的基本样式一般为矩形、白底、红色黑体字，安装在杆塔的小号侧；特殊地形的杆塔，标志牌可悬挂在其他的醒目方位上。

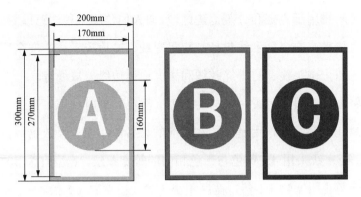

图 1-10　相位标志牌

同杆塔架设的双（多）回线路应在横担上设置鲜明的异色标志加以区分。各回路标志牌的底色应与本回路的色标一致，白色黑体字（黄底时为黑色黑体字）。色标颜色按照"红黄绿蓝白紫"排列使用。

同杆架设的双（多）回路标志牌应在每回路对应的小号侧安装，特殊情况可在每回路对应的杆塔两侧安装。

1.5.2.2　电缆线路标志的设置规范

电缆线路均应配置标志牌，标明线路的名称、电压等级、型号、长度、起止变电站名称。电缆标志牌的基本样式是矩形、白底、红色黑体字。电缆标志牌如图 1-11 所示。

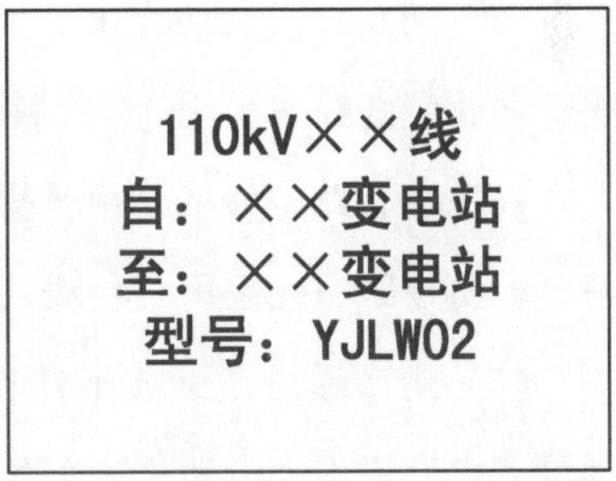

电缆两端及隧道内应悬挂标志牌。隧道内标志牌间距约为 100m，电缆转角处也应悬挂标志牌。与架空输电线路相连的电缆，其标志牌应固定于连接处附近的本电缆上。

110kV××线
自：××变电站
至：××变电站
型号：YJLW02

图 1-11　电缆标志牌

电缆接头盒处应悬挂标明电缆编号、始点、终点及接头盒编号的标志牌。

电缆为单相时，应注明相位标志。

电缆应设置路径、宽度标志牌（桩）。城区直埋电缆可采用地砖等形式，以满足城市道路交通安全的要求。

1.5.3　安全警示线

安全警示线用于界定和分割危险区域,向人们传递某种注意或警告的信息,以避免人身伤害。安全警示线包括禁止阻塞线、减速提示线、安全警戒线、防止踏空线、防止碰头线、防止绊跤线和生产通道边缘警戒线等。

安全警示线一般采用黄色或与对比色（黑色）同时使用。

（1）禁止阻塞线的作用是禁止在相应的设备前（上）停放物体,以免意外发生。禁止阻塞线采用 45°黄色与黑色相间的等宽条纹,宽度宜为 50～150mm,长度不小于禁止阻塞物 1.1 倍,宽度不小于禁止阻塞物 1.5 倍。

（2）减速提示线的作用是提醒在变电站内的驾驶人员减速行驶,以保证变电站设备和人员的安全。减速提示线一般采用 45°黄黑相间的等宽条纹,宽度宜为 100～200mm。可采取减速带代替减速提示线。

（3）安全警戒线的作用是为了提醒在变电站内的人员,避免误碰、误触运行中的控制屏（台）、保护屏、配电屏和高压开关柜等。安全警戒线采用黄色,宽度宜为 50～150mm。

（4）防止碰头线的作用是提醒人们注意在人行通道上方的障碍物,防止意外发生。防止碰头线应采取 45°黄黑相间的等宽条纹,宽度宜为 50～150mm。

（5）防止绊跤线的作用是提醒工作人员注意地面上的障碍物,防止意外发生。防止绊跤线应采用 45°黄黑相间的等宽条纹,宽度宜为 50～150mm。

（6）防止踏空线的作用是提醒工作人员注意通道上的高度落差,避免发生意外。防止踏空线采用黄色线,宽度为宜为 100～150mm。

（7）生产通道边缘警戒线在变电站生产道路运用的安全警戒线的作用是提醒变电站工作人员和机动车驾驶人员避免误入设备区。生产通道边缘警戒线采用黄色线,宽度宜为 100～150mm。

（8）设备区巡视路线的作用是提醒变电站工作人员按标准路线进行巡视检查。设备区巡视路线采用白色实线标注,其线宽宜为 100～150mm,在弯道或交叉路口处采取白色箭头标注。也可采取巡视路线指示牌方法进行标注。

1.5.4　安全围栏

安全围栏包括：围栏、围网、提示遮栏等。围栏可分为可伸缩型和非伸缩型。提示遮栏由立杆和提示绳（带）组成。围栏、围网、提示遮栏高均为 120cm。围栏、围网、提示遮栏应红白相间，颜色应醒目。围栏、围网、提示遮栏立柱应有反光膜或涂有反光漆，常见的安全围栏如图 1-12 所示。

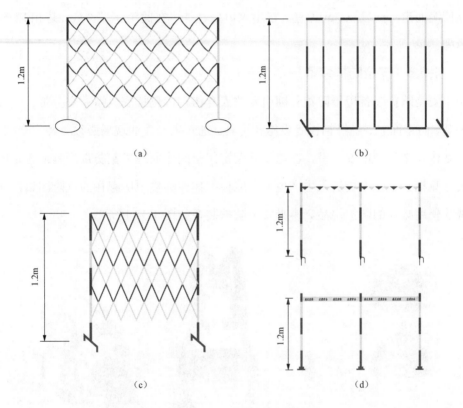

（a）　　　　　　　　　　　　　　　（b）

（c）　　　　　　　　　　　　　　　（d）

图 1-12　常见的安全围栏

（a）围网；（b）非伸缩型围栏；（c）伸缩型围栏；（d）提示遮栏

电缆耐压试验前，加压端应做好安全措施，防止人员误入试验场所。另一端应设置围栏并挂上警告标示牌。在人口密集区和交通道路附近进行电缆井开启、基坑及沟道开挖的作业时，应设置坑盖或安全围栏，夜间应加挂警示灯。作业占用交通道路时，应在作业现场周围设置安全围栏，在安全围栏距来车方向一定距离设置提醒行人前方施工减速慢行的安全警示标志，同时在围栏外围设置适量的锥形交通标。现场设置的围栏、标示牌应符合公安机关交通管理部门规定，必要时请交通管理部门配合。

安全围栏、标示牌的设置必须完整、可靠、醒目。在安全围栏的适当地点悬挂标示牌。安全围栏设置大小应依据作业性质、作业人员活动区域、高空坠落范围半径等因素综合考虑。安全围栏只能预留一个出入口，设在临近道路旁边或方便进出的地方，出入口应尽量远离作业点，其大小可根据工作现场的具体情况而定，一般以 3m 为宜。在出入口处悬挂"在此工作！""从此进出！"标示牌。

1.5.5　安全防护装备

安全防护装备用于防止外因引发的人身伤害，包括安全帽、安全带、绝缘手套、防毒面具、绝缘挡板等设施和用具。进入生产作业现场必须佩戴安全帽，高处作业必须使用安全带，在电缆井及密闭空间作业应佩戴防毒面具或者正压式呼吸机。工作人员进入生产现场，应根据作业环境中所存在的危险因素，穿戴或使用必要的防护用品。常见安全防护装备如图 1-13 所示。

正面效果

背面效果

图 1-13　常见安全防护装备

第2章　检修现场标准化作业

本章介绍了输电线路检修的标准化作业流程，分别从检修作业的计划、准备，实施和监督考核等步骤展开讲解标准化作业流程，读者通过本章的学习可以厘清线路检修作业的具体实施步骤要点，掌握检修作业的闭环管理方法。

2.1　作业计划

2.1.1　计划编制

1．编制原则

应贯彻状态检修、综合检修的基本要求，按照"综合平衡、一停多用"原则，统筹组织检修计划编制上报，严格执行计划审批备案，强化计划刚性执行，切实减少重复停电，降低操作风险。

（1）六优先：人身风险隐患优先处理；重要变电站（换流站）隐患优先处理；重要输电线路隐患优先处理；严重设备缺陷优先处理；重要用户设备缺陷优先处理；新设备及重大生产改造工程优先安排。

（2）九结合：生产检修与基建、技改、用户工程相结合；线路检修与变电检修相结合；二次系统检修与一次系统检修相结合；辅助设备检修与主设备检修相结合；两个及以上单位维护的线路检修相结合；同一停电范围内有关设备检修相结合；低电压等级设备检修与高电压等级设备检修相结合；输变电设备检修与发电设备检修相结合；用户检修与电网检修相结合。

（3）220kV及以上的年度停电计划由超高压公司、地市级供电公司设备管理部门组织编制，并报送省级电力公司设备管理部门。省级电力公司设备管理部门负责 220kV 及以上检修计划的审核、批复。

（4）110kV 及以下停电计划由市供电公司输电工区、县级供电公司组织编制，11 月 20 日前报送市级供电公司设备管理部门。市供电公司设备管理部门 11 月 30 日前完成负责 110kV 及以下检修计划的审核、批复。

2．月度作业计划编制

各级单位应根据设备状态、电网需求、反事故措施、基建技改及用户工程、保供电、气候特点、承载力、物资供应等因素制定月度作业计划。

3．周作业计划编制

各级单位应根据月度作业计划，结合保供电、气候条件、日常运维需求、承载力分析结果等情况统筹编制周作业计划。周作业计划宜分级审核上报，实现省、地市、县公司级供电单位信息共享。

4．日作业安排

二级机构和班组应根据周作业计划，结合临时性工作，合理安排工作任务。

2.1.2 计划备案

（1）下年度停电计划发布后，省级电力公司设备管理部门应在 12 月 31 日前将下年度 500kV 及以上线路Ⅰ级作业风险检修统计表报送国网公司设备部备案，市级供电公司设备管理部门应将所有Ⅰ级作业风险检修和 500kV 及以上线路Ⅱ级作业风险检修计划统计表报送省级电力公司设备管理部门备案。

（2）下月度停电计划确定后，省级电力公司设备管理部门应在每月 20 日前将下月 500kV 及以上线路Ⅰ级作业风险检修计划统计表报送国家电网公司设备部备案，并抄送中国电科院输电技术中心。市级供电公司设备管理部门应将所有Ⅰ级作业风险检修和 500kV 及以上线路Ⅱ级作业风险检修计划统计表报送省级电力公司设备管理部门备案。

（3）检修计划下达后，原则上不得进行调整。若确因气象、水文、地质、疫情等特殊原因导致检修计划出现重大变更时，应逐层逐级汇报办理变更手续，并重新确定检修风险等级。

2.1.3　计划发布

月度作业计划由专业管理部门统一发布。

周作业计划应明确发布流程和方式，可利用周安全生产例会、信息系统平台等发布。

信息发布应包括作业时间、电压等级、停电范围、作业内容、作业单位等内容。周作业计划信息发布中还应注明作业地段、专业类型、作业性质、工作票种类、工作负责人及联系方式、现场地址（道路、标志性建筑或村庄名称）、到岗到位人员、作业人数、作业车辆等内容。

2.1.4　计划管控

所有计划性作业应全部纳入周作业计划管控，禁止无计划作业。

作业计划实行刚性管理，禁止随意更改和增减作业计划，确属特殊情况需追加或者变更作业计划，应履行审批手续，并经批准后方可实施。

作业计划按照"谁管理、谁负责"的原则实行分级管控。各级专业管理部门应加强计划编制与执行的监督检查，分析存在问题，并定期通报。

各级安监部门应加强对计划管控工作的全过程安全监督，对无计划作业、随意变更作业计划等问题按照管理违章实施考核。

2.2　作业准备

2.2.1　现场勘察

1. 勘察原则

Ⅲ级及以上作业风险检修工作前必须开展现场勘察，Ⅳ～Ⅴ级作业风险检修工作根据作业内容必要时开展现场勘察。对于作业环境复杂、高风险工序多的检修，还应在项目立项、计划申报前开展一次前期勘察。

因停电计划变更、设备突发故障或缺陷等原因导致停电区域、作业内容、作业环境发生变化时，根据实际情况重新组织现场勘察。

2. 需要现场勘察的作业项目

（1）输电线路（电缆）停电检修、改造项目施工作业。

（2）带电作业。

（3）涉及多专业、多单位、多班组的大型复杂作业和非本班组管辖范围内设备检修（施工）的作业。

（4）使用吊车、挖掘机等大型机械的作业。

（5）跨越铁路、高速公路、通航河流等施工作业。

（6）试验和推广新技术、新工艺、新设备、新材料的作业项目。

（7）工作票签发人或工作负责人认为有必要现场勘察的其他作业项目。

3．现场勘察组织

（1）现场勘察应在编制作业方案及填写工作票前完成。

（2）Ⅰ级作业风险检修现场勘察由市级供电公司设备管理部门监督开展、工作票签发人或工作负责人实施，Ⅱ级作业风险检修现场勘察由设备运维单位监督开展、工作票签发人或工作负责人实施，Ⅲ、Ⅴ级作业风险检修由工作票签发人或工作负责人组织开展、实施。

（3）对涉及多专业、多单位的大型复杂作业项目，应由项目主管部门、单位组织相关人员共同参与。

（4）承发包工程作业应由项目主管部门、单位组织，设备运维管理单位和作业单位共同参与。

（5）开工前，工作负责人或工作票签发人应重新核对现场勘察情况，发现与原勘察情况有变化时，应及时修正、完善相应的安全措施。

4．现场勘察主要内容

（1）现场勘察应核对设备台账、参数；对改造或新安装设备，需核实现场安装基础数据、主要材料型号、规格，并与土建及电气设计图纸核对无误；对检修设备应核查设备评价结果、上次检修试验记录、运行状况及存在缺陷；梳理检修任务，核实大修技改项目，清理反措、精益化管理要求执行情况。

（2）需要停电的范围：作业中直接触及的电气设备，作业中机具、人员及材料可能触及或接近导致安全距离不能满足 GB 26859—2011《电力安全工作规程　线路部分》规定距离的电气设备。

（3）保留的带电部位：邻近、交叉、跨越等不需停电的线路及设备，双电源、自备电源、分布式电源等可能反送电的设备。

（4）作业现场的条件、环境及其他危险点：明确作业流程，分析检修、施工时存在的安全风险；确定特种作业车及大型作业工机具的需求，明确现场车辆、工机具、备件及材料的现场摆放位置；装设接地线的位置，人员进出通道，设备、机械搬运通道及摆放地点，地下管沟、隧道、工井等有限空间，地下管线设施走向等；施工线路跨越铁路、电力线路、公路、河流等环境，作业对周边构筑物、易燃易爆设施、通信设施、交通设施产生的影响，作业可能对城区、人口密集区、交通道口、通行道路上人员产生的人身伤害风险等。

（5）作业现场的环境：施工线路跨越铁路、电力线路、公路、河流等环境，作业对周边构筑物、易燃易爆设施、通信设施、交通设施产生的影响，作业可能对城区、人口密集区、交通道口、通行道路上人员产生的人身伤害风险等。

（6）应采取的安全措施：根据现场勘察结果以及作业内容、作业特点、作业环境等有针对性地制定相应的安全防范措施，包括一般安全要求和作业工器具使用要求及安全注意事项。应明确作业项目危险源辨识及控制措施，包括触电伤害、高空坠落、物体打击、机械伤害、特殊环境作业、误操作六个方面。

（7）附图与说明：现场一、二次设备照片及其他需要附图或说明的事项。

5．现场勘察记录

（1）现场勘察应填写现场勘察记录（见附录 A.8）。

（2）现场勘察记录宜采用文字、图标或影像相结合的方式。记录内容包括：工作地点需停电的范围，保留的带电部位，作业现场的条件、环境及其他危险点，应采取的安全措施，附图与说明。

（3）现场勘察记录应作为工作票签发人、工作负责人及相关各方编制作业方案和填写、签发工作票的依据。

（4）现场勘察记录由工作负责人收执，勘察记录应同工作票一起保存一年。

2.2.2　风险评估

在现场勘察结束后，以及编制作业方案、填写工作票前，应针对作业开展风险评估工作。

风险评估一般由工作票签发人或工作负责人组织。

设备改进、革新、试验、科研项目作业，应由作业单位组织开展风险评估。

涉及多专业、多单位共同参与的大型复杂作业，应由作业项目主管部门、单位组织开展风险评估。

风险评估应针对触电伤害、高空坠落、物体打击、机械伤害、特殊环境作业、误操作等方面存在的危险因素，全面开展评估。

风险评估出的危险点及预控措施应在工作票、作业方案等中予以明确。

2.2.3　作业方案编审

作业单位应根据现场勘察结果和风险评估内容编制作业方案。分层分级组织检修方案编审，强化检修方案质量把关，确保方案覆盖全面、内容准确，切实指导现场检修作业的组织和实施。

1．需编制作业方案的项目

（1）35kV 及以上输电线路（电缆）改（扩）建、停电综合检修项目。

（2）首次开展的带电作业项目。

（3）涉及多专业、多单位、多班组的大型复杂作业。

（4）跨越铁路、高速公路、通航河流等施工作业。

（5）试验和推广新技术、新工艺、新设备、新材料的作业项目。

（6）作业单位或项目主管部门认为有必要编写作业方案的其他作业。

2．方案编制与审批

（1）500kV 及以上线路Ⅰ级作业风险检修方案由市级供电公司设备管理部门组织编制，检修项目实施前 15 日完成。由省级电力公司设备部负责组织审查，并将特高压线路检修方案报国网设备部备案。

（2）Ⅱ级作业风险检修和 220kV 及以下Ⅰ级作业风险检修方案由市级供电公司设备管理部门组织编制和审查，检修项目实施前 7 日完成。Ⅰ级作业风险报省级电力公司设备部备案。

（3）人身安全风险较高的Ⅲ、Ⅴ级风险作业检修方案由设备运维单位组织编审批，检修项目实施前 3 日完成，市级供电公司设备管理部门备案。

3．方案内容与要求

（1）Ⅱ级及以上作业风险检修应包括编制依据、工作内容、组织措施、安全措施、技术措施、物资供应保障措施、进度控制保障措施、检修验收要求等内容。必要时针对重点作业内容编制专项方案，作为附件与检修方案一起审批。

（2）Ⅲ～Ⅴ级作业风险检修方案应包括项目内容、人员分工、停电范围、备品备件及工机具等内容。

（3）检修内容变化时，应结合实际内容补充完善检修方案，并履行审批流程。检修风险升级时，应按照新的检修分级履行方案编审批流程。

4．作业方案

作业方案应分级管理，经作业单位、监理单位（如有）、设备运维管理单位、相关专业管理部门、分管领导逐级审批，严禁执行未经审批的作业方案。作业开始前，工作负责人应组织全体作业人员学习已经审批的作业方案，并进行交底。作业项目实施单位、监理单位、作业项目管理单位应深入作业现场检查作业方案执行情况，纠正和制止存在的问题。

2.2.4　申请停电

填用第一种工作票进行工作，工作负责人应在得到全部工作许可人的许可后，方可开始工作。

线路停电检修，工作许可人应在线路可能受电的各方面（含变电站、发电厂、环网线路、分支线路、用户线路和配合停电的线路）都已停电，并挂好操作接地线后，方能发出许可工作的命令。

值班调控人员或运维人员在向工作负责人发出许可工作的命令前，应将工作班组名称、数目、工作负责人姓名、工作地点和工作任务做好记录。

（1）许可开始工作的命令，应通知工作负责人。其方法可采用：

1）当面通知。

2）电话下达。

3）派人送达。

电话下达时，工作许可人及工作负责人应记录清楚明确，并复诵核对无误。对直接在现场许可的停电工作，工作许可人和工作负责人应在工作票上记录许可时间，并签名。

（2）对于下列第一种票工作，宜采用现场当面许可：

1）三回及以上同杆塔架设线路中部分条次线路停电。

2）左线、右线位置发生多次换位的线路停电工作。

3）设备运维管理单位认为有必要的。

若停电线路作业还涉及其他单位配合停电的线路，工作负责人应在得到指定的配合停电线路设备运维管理单位联系人通知这些线路已停电和接地，并履行工作许可书面手续后，才可开始工作。

禁止约时停、送电。

工作许可人如发现待办理（待许可）的工作票中所列安全措施不完善，而工作票签发人不在现场，无法及时更改的情况下，允许在工作许可人填写栏内对安全措施加以补充完善，并向工作负责人说明后执行。此时，对工作票签发单位应统计为错票。

填用电力线路第二种工作票时，不需要履行工作许可手续。

2.2.5　工作票填写与签发

工作票原则上应在生产管理系统（production management system，PMS）内填写，在网络通信中断或系统维护等特殊情况下可手工填写，手工填写的工作票应与 PMS 内的工作票格式保持一致。

工作票中所有手写内容应使用黑色或蓝色的钢（水）笔或圆珠笔，字迹清楚。如有个别错字需要修改，应将错字用两条水平横线划去，在旁边写上正确的字，做到被改和改后的字迹清楚，不得将要改的字全部涂黑或擦去。如果补充漏字，在补漏处用"∧"符号，并在下面添加补漏的字。填写工作票时，所有栏目不得空白，若没有内容应填"无"。

用计算机生成或打印的工作票应使用统一的票面格式。由工作票签发人审核无误，手工或电子签名后方可执行。

工作票一份交工作负责人，一份留存工作票签发人或工作许可人处。工作票应提前交给工作负责人。

工作票应使用统一的设备名称及操作术语。工作票的工作内容应与已批复停电申请的工作内容相符。

工作票中填写的设备名称应包括电压等级和设备双重称号。

工作票中应将工作班人员全部填写，然后注明"共×人"。使用工作任务单进行工作时，工作任务单上应填写本工作小组全部人员姓名。

第一种工作票必要时绘图说明，图中应画出被检修的线路（单线图）、应挂的接地线、与检修线路同杆（塔）架设、交叉跨越或邻近的线路等。图中应标明线路的运行状态、工作地点或地段，带电线路及部位标记为红色。如现场勘察记录中已绘图说明，在工作票中不再重复绘图。

一张工作票中，工作票签发人和工作许可人不得兼任工作负责人。

同一张工作票，同一时间内，接地线不得重号。

工作票上所列的安全措施应包括所有工作任务单上所列的安全措施。

工作票由工作负责人填写，也可由工作票签发人填写。

工作票由设备运维管理单位（部门）签发，也可由经设备运维管理单位（部门）审核合格且经批准的检修及基建单位签发。检修及基建单位的工作票签发人、工作负责人名单应事先送有关设备运维管理单位、调度控制中心备案。

承发包工程中，工作票应实行"双签发"形式。签发工作票时，双方工作票签发人在工作票上分别签名，各自承担 GB 26859—2011《电力安全工作规程线路部分》工作票签发人相应的安全责任。

非本企业的施工、检修单位单独在电力线路、电缆上进行的工作，必须使用工作票、并履行工作许可、监护手续。工作票必须实行运维管理单位（中心、部门、工区等）和施工、检修单位双签发，检修、施工单位为签发人，设备运维管理单位为会签人。

施工、检修单位的工作票签发人和工作负责人应预先经设备运维管理单位安监部门审核确认。

施工、检修单位签发人对工作必要性和安全性、工作票上所填安全措施是否正确完备、所派工作负责人和工作班人员是否适当和充足负责。

设备运维管理单位签发人对工作必要性和安全性、运维管理单位需做安全措施是否正确完备负责。

供电单位或施工单位在用户输电线路上工作，必须同样执行工作票、工作许可和验电接地制度。

架空、电缆混合线路的停电工作或事故抢修，若架空输电线路与电缆线路分属两个及以上设备管理单位（部门），应分别办理停电申请和工作票。

同一时间相同停电范围，一张停电申请单由多个班组分别持票进行施工作业，设备运维单位指派的工作许可人应为同一人。

生产厂家、外协服务等人员参加现场作业，应由设备运维管理单位人员担任工作负责人，执行相应工作票。

劳务分包单位人员不得担任工作票签发人、工作负责人。

一个工作负责人不能同时执行多张工作票。若一张工作票下设多个小组工作，每个小组应指定小组负责人（监护人），并使用工作任务单，小组负责人应具有工作负责人资格。工作任务单应写明工作的线路名称或设备双重名称、工作地段的起止杆号、工作任务、计划工作时间及安全措施等。工作任务单一式两份，由工作票签发人或工作负责人签发，一份工作负责人留存，一份交小组负责人执行。工作任务单由工作负责人许可。工作结束后，小组负责人交回工作任务单，向工作负责人办理工作结束手续。

一回线路检修（施工），其邻近或交叉的其他电力线路需进行配合停电和接地时，应在工作票中列入相应的安全措施。若配合停电线路属于其他单位，应由检修（施工）单位事先书面申请，经配合线路的设备运维管理单位同意并实施停电、接地。

一条线路分区段工作，若填用一张工作票，经工作票签发人同意，在线路检修状态下，由工作班自行装设的接地线等安全措施可分段执行。工作票中应填写清楚使用的接地线编号、装拆时间、位置等随工作区段转移情况。

持电缆工作票进入变电站或发电厂升压站进行电缆等工作，应增填工作票份数，由变电站或发电厂工作许可人许可，并留存。上述单位的工作票签发人和工作负责人名单应事先送有关运维管理单位备案。

不得涂改工作票中的五项：

（1）工作地点或地段。

（2）停电申请单编号、线路双重名称、色标、位置称号。

（3）接地线装设地点、编号。

（4）计划工作时间、许可开始工作时间、工作延期时间、工作终结时间、接地线挂设时间、接地线拆除时间。

（5）操作"动词"（"拉开""合上""挂设"等）。

具体票面格式和填写规范可参见附录 A～附录 F。

2.3　作业实施

2.3.1　许可开工

严格执行工作许可制度，许可开工前作业班组应提前做好作业所需工器具、材料等准备工作。电话许可时由工作许可人和工作负责人分别记录双方姓名，并复诵核对无误。所有许可手续（工作许可人姓名、许可方式、许可时间等）均应记录在工作票上。若需其他单位配合停电的作业应履行书面许可手续。待全部许可手续完成后方可开始工作。

2.3.2　开工会

开工会由班组长组织全体班组人员召开。

开工会应结合工作任务，开展安全风险评估，布置风险预控措施，组织交代工作任务、作业风险和安全措施，检查个人安全工器具、个人劳动防护用品和人员精神状况，相关要求如下。

（1）安全交底。工作许可手续完成后，工作负责人组织全体作业人员整理着装，统一进入作业现场，进行安全交底，列队宣读工作票，交代工作内容、人员分工、带电部位、安全措施和技术措施，进行危险点及安全防范措施告知，抽取作业人员提问无误后，全体作业人员确认签字。

执行总、分工作票或小组工作任务单的作业，由总工作票负责人（工作负责人）和分工作票（小组）负责人分别进行安全交底。

现场安全交底宜采用录音或影像方式，作业后由作业班组留存一年。

（2）现场作业人员安全要求。

1）作业人员应正确佩戴安全帽，统一穿全棉长袖工作服、绝缘鞋。

2）特种作业人员及特种设备操作人员应持证上岗。开工前，工作负责人对特种作业人员及特种设备操作人员交代安全注意事项，指定专人监护。特种作业人员及特种设备操作人员不得单独作业。

3）外来工作人员需经过安全知识和 GB 26859—2011《电力安全工作规程 线路部分》培训考试合格，佩戴有效证件，配置必要的劳动防护用品和安全工器具后，方可进场作业。

（3）安全工器具和施工机具安全要求。

1）作业人员应正确使用施工机具、安全工器具，严禁使用已经损坏、变形或存在故障以及未经检验合格的施工机具、安全工器具。

2）特种车辆及特种设备应经具有专业资质的检测检验机构检测、检验合格，取得安全使用证或者安全标志后，方可投入使用。

（4）工作负责人需携带工作票、现场勘察记录、作业方案等资料到作业现场。

（5）涉及多专业、多单位的大型复杂作业，应明确专人负责工作总体协调。

2.3.3 安全措施布置

线路专业安全措施应由工作许可人负责布置，采取电话许可方式的电力线路第二种工作票安全措施可由工作人员自行布置，工作结束后应汇报工作许可人。输、配电专业工作许可人所做安全措施由其负责布置，工作班所做安全措施由工作负责人负责布置。安全措施布置完成前，禁止作业。

工作许可人应审查工作票所列安全措施正确完备性，检查工作现场布置的安全措施是否完善（必要时予以补充）和检修设备有无突然来电的危险。对工作票所列内容即使发生很小疑问，也应向工作票签发人询问清楚，必要时应要求作详细补充。以下为线路作业常见的几种安全措施布置要点。

（1）线路杆塔组立施工安全措施布置要点如下。

1）在线路杆塔组立的施工现场四周设置安全围栏。

2）在安全围栏出入口处悬挂"从此进出！""在此工作！"标示牌，出入口设置应方便作业人员、车辆及施工机械进出。

3）安全围栏大小应依据杆塔长度、起吊高度、作业人员活动区域、高空坠落范围半径等因素综合考虑。

线路杆塔组立施工安全措施如图 2-1 所示。

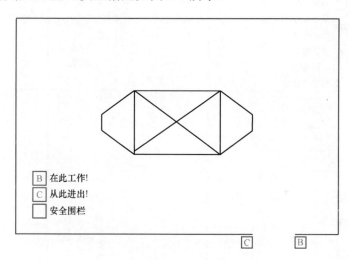

图 2-1 线路杆塔组立施工安全措施

（2）线路作业区域部分占用道路（道路指一级及以下公路）安全措施布置要点如下。

1）在牵张场地、落线工作区域、工作杆塔等作业区域四周设置安全围栏。

2）在安全围栏出入口处悬挂"从此进出！""在此工作！"标示牌。

3）在作业区域道路两侧交通道口或作业区域外 50m 处放置"前方施工""车辆慢行"标示牌，标示牌上的文字应背向施工区域，面向车辆驶入方向。

4）在"前方施工""车辆慢行"标示牌与安全围栏间、安全围栏外围设置适量锥形交通标。

5）设置的围栏、标示牌应符合公安机关交通管理部门规定，必要时请交通管理部门配合。

线路作业区域部分占用道路安全措施如图 2-2 所示。

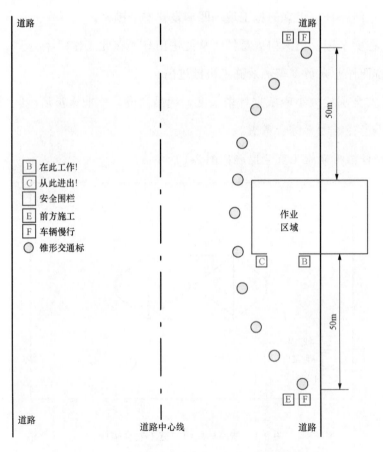

图 2-2 线路作业区域部分占用道路安全措施

（3）线路作业区域全部占用道路（道路指一级及以下公路）安全措施布置要点如下。

1）在作业区域四周设置安全围栏。

2）在安全围栏出入口处悬挂"从此进出！""在此工作！"标示牌。

3）在作业区域道路两侧交通道口或安全围栏外 50m 处放置"前方施工""道路封闭"标示牌，标示牌上的文字应背向施工区域，面向车辆驶入方向。

4）在"前方施工""道路封闭"标示牌两侧设置适量锥形交通标。

5）设置的围栏、标示牌应符合公安机关交通管理部门规定，必要时请交通管理部门配合。

6）跨越高速公路、铁路以及水运航道等重要交通设施进行施工作业，事先应经主管部门同意，影响交通安全的，还应当征得公安机关交通管理部门同意，安全措施严格按照国家和行业有关规定设置。

线路作业区域全部占用道路安全措施如图 2-3 所示。

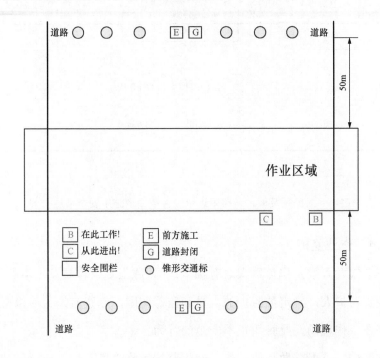

图 2-3 线路作业区域全部占用道路安全措施

（4）居民区及城市道路附近电缆井或沟道施工安全措施布置要点如下。

1）在电缆井施工现场四周设置安全围栏，与道路尽量保持水平或垂直。

2）在安全围栏出入口处悬挂"从此进出！""在此工作！"标示牌。

3）占用人行道、非机动车道及机动车道时，安全围栏面向车辆、行人前进方向设置"前方施工"标示牌。占道施工应留有合理通道，尽量避免全部占用。

4）若进行电缆地下沟道开挖工作，需在沟道作业区域四周装设安全围栏、设置标示牌。

居民区及城市道路附近电缆井或沟道施工安全措施布置如图 2-4 所示。

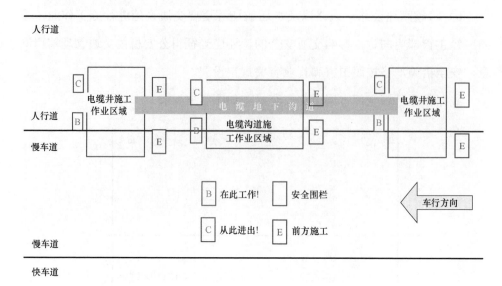

图 2-4　居民区及城市道路附近电缆井或沟道施工安全措施布置

2.3.4　作业监护

工作票签发人或工作负责人对有触电危险、施工复杂容易发生事故等作业，应增设专责监护人，确定被监护的人员和监护范围，专责监护人应佩戴明显标识，始终在工作现场，及时纠正不安全的行为。

专责监护人不得兼做其他工作。专责监护人临时离开时，应通知被监护人员停止工作或离开工作现场，待专责监护人回来后方可恢复工作。若专责监护人必须长时间离开工作现场时，应由工作负责人变更专责监护人，履行变更手续，并告知全体被监护人员。

2.3.5　到岗到位

各级单位应建立健全作业现场到岗到位制度，按照"管业务必须管安全"的原则，明确到岗到位人员责任和工作要求。

1．到岗到位要求

（1）500kV 及以上线路Ⅰ级作业风险检修：市级供电公司分管领导或专业

管理部门负责人应到岗到位，省级电力公司设备部相关人员应到岗到位或组织专家组开展现场督察，国网公司设备部相关人员必要时应到岗到位或组织专家组开展现场督察。

（2）220kV 及以下线路 I 级作业风险检修：市级供电公司分管领导或专业管理负责人应到岗到位，省级电力公司设备部相关人员必要时应到岗到位或组织专家组开展现场督察。

（3）II 级作业风险检修：设备运维单位负责人或管理人员应到岗到位，地市级公司专业管理部门管理人员应到岗到位。

（4）III、IV 级作业风险检修：设备运维单位组织开展到岗到位。

（5）发生倒塔断线等突发情况紧急抢修恢复时，到岗到位应提级管控。

2．到岗到位工作重点

（1）检查工作票、"三措"执行及现场安全措施落实情况。

（2）安全工器具、个人防护用品使用情况。

（3）大型机械安全措施落实情况。

（4）作业人员不安全行为。

（5）文明生产。

到岗到位人员对发现的问题应立即责令整改，并向工作负责人反馈检查结果。

2.3.6　验收及工作终结

1．验收管理

作业完成后，验收工作由设备运维管理单位或有关主管部门组织，作业单位及有关单位参与验收工作。验收人员应掌握验收现场存在的危险点及预控措施，严格执行验收申请和"三级自检"工作要求。

（1）现场作业完工，工作负责人、现场监理、项目经理分别完成自检验收，具备竣工验收条件后，由项目经理或工作负责人向运维单位申请验收。

（2）运维单位根据公司相关验收工作规范要求，在规定时间内完成验收工作，并向项目经理或工作负责人反馈缺陷情况和验收结果。

（3）重大检修或特殊情况应增加随工验收，把好关键施工工序质量关，确保作业安全按期完成。

（4）重大问题隐患由方案计划审批单位负责协调解决。

（5）已完工的设备均视为带电设备，任何人禁止在安全措施拆除后处理验收发现的缺陷和隐患。

2．工作终结

严格执行工作终结制度，工作结束后，工作班应清扫、整理现场，工作负责人应先周密地检查，待全体作业人员撤离工作地点后，方可履行工作终结手续。

执行总、分票或多个小组工作时，总工作票负责人（工作负责人）应得到所有分工作票（小组）负责人工作结束的汇报后，方可与工作许可人履行工作终结手续。

2.3.7　收工会

收工会一般在工作结束后由班组长组织全体班组人员召开。

收工会应对作业现场安全管控措施落实及工作票执行情况总结评价，分析不足，表扬遵章守纪行为，批评忽视安全、违章作业等不良现象。

2.4　作业监督考核

2.4.1　作业现场安全监督检查重点

（1）作业现场工作票、作业方案、现场勘察记录等资料是否齐全、正确、完备。

（2）现场作业内容是否和作业计划一致，工作票所列安全措施是否满足作业要求并与现场一致。

（3）现场作业人员与工作票所列人员是否相符，人员精神状态是否良好。

（4）工作许可人对工作负责人，工作负责人对工作班成员是否进行安全交底。

（5）现场使用的机具、安全工器具和劳动防护用品是否良好，是否按周期试验并正确使用。

（6）高处作业、邻近带电作业、起重作业等高风险作业是否指派专责监护人进行监护，专责监护人在工作前是否知晓危险点和安全注意事项等。

（7）现场是否存在可能导致触电、物体打击、高处坠落、设备倾覆、电杆倒杆等风险和违章行为。

（8）各级到岗到位人员是否按照要求履行职责。

（9）其他不安全情况。

2.4.2 考核试行办法

（1）各级单位应开展作业现场违章稽查工作，一旦发现违章现象应立即加以制止、纠正，做好违章记录，对违章单位和个人给予批评和考核。

对以下四种情况根据情节轻重进行考核扣分：

1）未按上述时间节点要求报送相关资料。

2）现场督导过程中被发现重大管理问题。

3）除恶劣天气等不可控因素外，检修现场延期。

4）修后一个基准周期内发生检修质量问题。

（2）各级单位应建立完善反违章工作机制，组织开展"无违章现场""无违章员工"等创建活动，鼓励自查自纠，对及时发现纠正违章、避免安全事故的单位和个人给予表扬和奖励。

对以下三种情况根据贡献大小进行考核加分：

1）抽调人员支撑国网公司Ⅰ级作业风险检修督导。

2）督导人员在检查现场发现重大管理问题。

3）隐患、缺陷材料被国网公司采纳作为专项治理。

（3）各级单位应加强生产作业安全管控工作的检查指导与评价，定期分析评估安全管控工作执行情况，督促落实安全管控工作标准和措施，持续改进和提高生产作业安全管控工作水平。

第3章 输电运行维护作业安全管理

本章首先介绍了输电线路各类巡视方法的目的和要求以及相关的危险点和注意事项，接着讲解了外力破坏事故的类型与特点并介绍了输电线路防外力破坏的二十一条反措，最后介绍了防外力破坏的法律依据和相关条例。

3.1 线路巡视

线路巡视是指：为掌握线路的运行状况，及时发现线路本体、附属设施以及线路保护区出现的缺陷或隐患，并为线路检修、维护及状态评价（评估）等提供依据，近距离对线路进行观测、检查、记录的工作。

3.1.1 线路巡视的分类

线路巡视根据不同的需要，线路巡视可分为三种：正常巡视、故障巡视、特殊巡视。

（1）正常巡视：按一定的周期对线路所进行的巡视，包括对线路设备（指线路本体和附属设备）和线路保护区（线路通道）所进行的巡视。

（2）故障巡视：运行单位为查明线路故障点、故障原因及故障情况等所组织的线路巡视。

（3）特殊巡视：在特殊情况下或根据特殊需要，采用特殊巡视方法所进行的线路巡视。特殊巡视包括：夜间巡视、交叉巡视、登杆塔检查、防外力破坏巡视等。

3.1.2　各类线路巡视的目的和要求

3.1.2.1　正常巡视的目的和要求

1．正常巡视的目的

正常巡视的目的是全面掌握线路各部件的运行状况和沿线情况，及时发现设备缺陷和沿线隐患情况，并为线路维修提供依据和设备状态评估提供准确的信息资料。

2．正常巡视的周期要求

DL/T 741—2019《架空输电线路运行规程》规定，正常巡视的周期相对固定，并可动态调整。线路设备与通道环境的巡视可按不同的周期分别进行。

运行维护单位应根据线路设备、地理气象环境及输电通道性质等特点划分区段，结合状态评价和运行经验确定线路（区段）巡视周期。同时依据线路区段和时间段的变化，及时对巡视周期进行必要的调整。

巡视周期的一般规定：

（1）城市（城镇）及近郊区域的巡视周期一般为 1 个月。

（2）远郊、平原、山地丘陵等一般区域的巡视周期一般为 2 个月。

（3）高山大岭、无人区、沿海滩涂、戈壁沙漠等车辆人员难以到达区域的巡视周期为 3 个月；在大雪封山等特殊情况下，可适当延长周期，但不应超过 6 个月。

（4）重要交跨巡视周期宜适当缩短，一般为 1 个月。

（5）单电源、重要负荷、网间联络、缺陷频发线路（区段）等线路的巡视周期宜适当缩短。

（6）以上应为设备和通道环境的全面巡视，对特殊区段宜增加通道环境的巡视次数。

（7）电缆线路及电缆线段巡查。

1）敷设在土中、隧道中以及沿桥梁架设的电缆，每 3 个月至少检查一次，根据季节及基建工程特点，应增加巡查次数。

2）电缆竖井内的电缆，每半年至少检查一次。

3）水底电缆线路，根据具体现场需要规定，如水底电缆直接敷于河床上，可每年检查一次水底路线情况，在潜水条件允许下，应派遣潜水员检查电缆情况，当潜水条件不允许时，可测量河床的变化情况。

4）发电厂、变电所的电缆沟、电缆井、电缆架及电缆线路等的巡查，至少每3个月检查一次。

5）对挖掘暴露的电缆，按工程情况，酌情加强巡视。

（8）电缆终端附件和附属设备巡查。

1）电缆终端头，由现场根据运行情况每1～3年停电检查一次。

2）装有油位指示的电线终端，应检视油位高度，每年冬、夏季节必须检查一次油位。

3）对于污秽地区的主设备户外电线终端，应根据污秽地区的定级情况及清扫维护要求巡查。

（9）电缆线路上构筑物巡查。

1）电缆线路的电缆沟、电缆排管、电缆井、电缆架等应每3个月巡查一次。

2）电缆竖井应每半年巡查一次。

3）电缆构筑物中，电缆架包含电缆支架和电缆桥架。

3.1.2.2 故障巡视的目的和要求

1. 故障巡视的目的

故障巡视是指线路跳闸后，为迅速找出跳闸原因而进行的巡视。故障巡视不同于正常巡视，其目的单一，就是为了查找故障点及故障原因，所有巡视均围绕故障展开，而不是对线路进行普遍性巡视。

2. 故障巡视的要求

运行单位先根据电网继电保护动作情况、相关参数结合相关的在线监控装置与当时的气象条件，以往故障发生并巡查到的经验等来分析判断线路故障的可能情况并确定巡查方案。根据巡查方案制定相关的危险点预控、巡视方式、个人工器具配备、人员组织与分工。

故障巡视应在线路发生故障后及时进行，巡视方式和人员由运行维护单位根据需要确定。巡视范围为发生故障的区段或全线。线路发生故障时，应及时组织故障巡视。巡视中巡视责任人应将所分担的巡视区段全部巡完，不应中断或漏巡。发现故障点后应及时报告，遇有重大事故应设法保护现场。对引发事故的物证应妥当保管设法取回，并按照 GB/T 32673—2016《架空输电线路故障巡视技术导则》要求对故障巡视现场进行详细记录（包括设备、通道环境等图像或视频资料），以便为事故分析提供证据或参考。

3.1.2.3　特殊巡视的目的和要求

1．特殊巡视的目的

特殊巡视是在气候剧烈变化、自然灾害、外力影响、异常运行和其他特殊情况时，为及时发现线路的异常现象及部件的变形损坏情况而进行的巡视。特殊巡视应根据需要及时进行，一般巡视全线、某线段或某部件，并根据不同情况进行某一侧重点的巡查。

2．特殊巡视的要求

特殊巡视分类较多，包括在特殊气象条件、危险点控制、外力、特殊运行等情况时，为了全面真实地记录设备运行情况，为分析缺陷、隐患、异常和采取防范措施提供数据和依据，照相机或摄像机是必备携带工具。而对于不同的巡查方案，针对巡查重点不同，其携带的工具也有所不同，如特殊运行方式时主要携带测高仪与红外测温仪；树木速长期巡视主要携带激光测高仪；登塔巡视要携带安全带等登高工具，如 220kV 线路登杆检查应穿导电鞋、330kV 及以上线路登杆检查应穿导电鞋和防止感应电的静电屏蔽服或均压服。

3.1.3　线路巡视的危险点和预控措施

巡视过程中存在较多的危险点，因而对巡视人员的经验和数量有要求。巡线工作应由有电力线路工作经验的人员担任。单独巡线人员应考试合格并经工区（公司、所）分管生产领导批准。电缆隧道、偏僻山区和夜间巡线应由两人进行。汛期、暑天、雪天等恶劣天气巡线，必要时由两人进行。单人巡线时，禁止攀登电杆和杆塔。巡线时禁止泅渡。

遇有火灾、地震、台风、冰雪、洪水等灾害发生时，如需对线路进行巡视，应制订必要的安全措施，并得到设备运行管理单位分管领导批准。巡视应至少两人一组，并与派出部门之间保持通信联络。

雷雨、大风天气或事故巡线时，巡视人员应穿绝缘鞋或绝缘靴；汛期、暑天、雪天等恶劣天气和山区巡线应配备必要的防护用具、自救器具和药品；夜间巡线应携带足够的照明工具，条件允许时配备夜视仪。

夜间巡线应沿线路外侧进行；雷雨天气时，应远离线路或暂停巡视，防止雷电伤人；大风时，巡线应沿线路上风侧前进，以免万一触及断落的导线；特殊巡视应注意选择路线，防止洪水、塌方、恶劣天气等对人的伤害；事故巡线应始终认为线路带电。即使明知该线路已停电，亦应认为线路随时有恢复送电的可能。巡线人员发现导线、电缆断落地面或悬挂空中，应设法防止行人靠近断线地点8m以内，以免跨步电压伤人，并迅速报告调度和上级，等候处理。

进行配电设备巡视的人员，应熟悉设备的内部结构和接线情况。巡视检查配电设备时，不准越过遮栏或围墙。进出配电设备室（箱）应随手关门，巡视完毕应上锁。单人巡视时，禁止打开配电设备柜门、箱盖。

正常巡视过程中同样存在较多危险点，这些危险点在故障巡视、特殊巡视中同样存在的，巡视人员因做好充足的预控措施。正常巡视危险点分析与预控措施见表3-1。

表3-1　　　　　　　　正常巡视危险点分析与预控措施

防范类型	危险点	预 控 措 施
触电	导线断落	（1）应沿线路外侧进行，大风时应沿线路上风侧进行。 （2）夜间巡视应带照明工具。 （3）当发现断落或悬吊空中的导线时，应设法防止行人靠近导线8m以内，并迅速报告，等候处理
高处坠落	登高	单人巡线时，禁止攀登杆塔
有毒有害气体	窒息	（1）进入有限空间内，先进行机械通风，经气体检测合格后方可进入。 （2）人员随身携带便携式气体检测仪连续监测气体浓度。 （3）通道内应急逃生标识标牌挂设准确，逃生路径应通畅
其他伤害	摔倒	（1）路滑慢行，遇沟、崖、墙绕行。 （2）夜间巡视，照明应充足
	走路扎脚	严禁穿鞋露指露跟，防止扎伤

防范类型	危险点	预 控 措 施
其他伤害	交通事故	应遵守交通法规，避免车辆伤害
	狗咬	进村巡线时，要备有棍棒防狗窜出伤人
	蛇咬	途径杂草丛生处，可用树棍等打草惊蛇，避免被蛇咬伤
	马蜂蜇	远离、不碰马蜂窝
	迷路	（1）夜间巡视必须 2 人进行。 （2）夜间巡视应有照明工具。 （3）应明确巡视的起讫地点
	中暑、冻伤	暑天、大雪天必要时由 2 人进行，且做好防暑、防冻措施
	溺水	中暑、冻伤防冻措施
	雷击	（1）巡视过程中严禁打伞，遇有雷电应暂停巡线并远离线路。 （2）严禁在树下、建筑物屋檐下等处避雷躲雨

3.2　外力破坏事故的防范

随着国民经济的快速发展，社会建设的规模不断扩大，建设开发中经常会有一些违法、违章行为造成输电线路设备跳闸停电、倒（杆）塔或部分损坏等外力破坏事故、案件，并呈逐年上升的趋势，给供电企业带来巨额经济损失的同时，也对电网安全运行、人民生命财产构成了极大的威胁，造成了极坏的负面影响。因此，了解外力破坏的类型及特点，依据电力保护的法律法规有效掌握外力破坏的防范措施是每一位线路运行人员的必备知识。

3.2.1　输电线路外力破坏事故的类型

输电线路的外力破坏是指输电线路沿线的人类活动、开发建设设施造成的输电线路隐患、故障甚至事故现象。外力破坏事故根据破坏程度不同，后果不可预见，但对电网的安全运行影响较大。

从造成输电线路外力破坏的性质分，可分为有意识破坏和无意识破坏两种。无意识破坏又可分为两类，即肇事单位在运行单位部分失责状态下的电气肇事，如运行单位必须对道路边杆塔或拉线应做好防撞装置及涂刷反光漆，在易盗区杆塔上加装防盗措施；在取土区杆塔附近布置保护范围的警示牌等。反之是在电力设施符合规程规定的状态下，肇事单位因不懂电力行业要求而造成的吊机碰线、异物短路、导线下方燃烧短路、爆破炸伤导地线及杆塔、交叉跨越短路、开挖作业、机械碰撞杆塔及拉线等类型。有意识外力破坏主要有偷盗电力设备、人为短路等类型。

按造成输电线路外力破坏的现象可分为盗窃破坏、机械破坏、异物短路破坏、燃烧爆破破坏、交跨碰线破坏五大类。

1．盗窃破坏

（1）盗窃杆塔塔材和拉线。盗窃杆塔塔材是输电线路外力破坏案件中最多的一种，拆卸螺栓是盗窃塔材最常见的一种盗窃方式，即使杆塔、拉线防盗设施齐全有效，也有用钢锯切割或氧焊切割盗窃塔材，但这种方式较为少见，一般是团伙作案才采用这种方式。拉线被盗属常见外力破坏形式，全国每年都会发生为数不少的拉线被盗引发的倒杆塔事故。

（2）盗窃导线。导线被盗多属团体作案，盗窃分子一般选择退役线路、新建线路或停电检修数日线路，前两种线路偷盗不会被立即发现，逃离现场的时间充足。

（3）盗割电缆回流线。导线被盗多属专业作案，盗窃分子知晓回流线正常运行不带电，偷盗回流线不会被立即发现，电缆仍然能正常运行，不过故障发生后，故障电流无法释放，造成电缆线路火灾的主要原因。

2．机械施工破坏

（1）施工机械碰线。施机械碰线是最常见的外力破坏形式，如有塔吊、吊车、混凝土泵车、打桩机、自卸车等。

（2）其他管线施工碰线。如其他单位在输电线路临近或穿越其他电力线路、缆车线路、通信线路等架空管线施工展放、紧线过程中，会出现上下弹跳及左右摇摆造成对输电线路导线距离不足或碰线引发放电事故。

（3）开挖或平整土地破坏。开挖破坏主要体现在两个方面：一方面是在地表进行开挖或平整，可能引起滑坡、掩埋杆塔、杆塔倾倒等后果；另一方面是在地下开采作业，可能引起地表塌陷、滑坡等。

（4）非定向顶管施工破坏。其他管线施工采用非定向顶管及定向顶管等工艺施工，因对地下电力管线路径不明或是安全距离预留较小，极易导致顶管施工对地下电缆造成破坏，抢修过程较为复杂。

3．异物短路破坏

异物短路也是近年来一种常见的外力破坏，存在非常大的随机性。主要异物类型有广告布、气球飘带、锡箔纸、塑料遮阳布、风筝线及一些轻型包装材料。这些异物一般长度长、质量小、面积大，遇风即可能随风飘荡，当其缠绕到导地线、杆塔上时就可能引发异物放电。对于锡箔纸等导电物质，一旦其短接了导线与其他接地体就会发生放电；对于广告布、塑料遮阳布、风筝线等绝缘物质，即使其短接了导线与接地体也不一定引发线路短路，但如再遭遇雨、雾等气象就极有可能发展为短路事故。

4．燃烧爆破破坏

（1）山火短路。许多输电线路跨越森林、草原、灌木等，冬春干燥季节，这些地区易发生火险。如大火蔓延到输电线路通道内，因空气在高温下的热游离作用及燃烧后产生的导电颗粒，降低了空气绝缘强度，容易引起输电线路对地或相间短路；燃烧的大火甚至可能将杆塔构件及复合绝缘子烧损，引起倒塔掉线事故。

（2）焚烧及爆竹短路。有的农村收割后就地焚烧秸秆，焚烧后的浓烟极易引发上方输电线路短路。另外在输电线路下方焚烧垃圾、燃放爆竹等行为也易引发输电线路短路。

（3）爆破。输电线路沿线开山炸石、勘探等爆破行为，飞石会损伤导地线、杆塔构件及引起线路跳闸，甚至引起断线事故。

5．交跨碰线破坏

（1）树（竹）木碰线。树（竹）木碰线也是一种常见的外力破坏。一般有三种情况：

1）导线与树（竹）木垂直距离不足，当气温升高，导线弛度降低，导致两者的静态距离不足发生短路。

2）线路两侧的树（竹）木生长高度超过导线高度，遇大风左右摆动、摇晃接近发生放电。

3）线路两侧生长高度超过导线高度的树（竹）木，农户在砍伐时倾倒发生导线短路。

（2）垂钓碰线。输电线路跨越鱼塘，鱼塘垂钓引起的线路跳闸事故屡见不鲜，由于现在的伸缩型钓鱼竿是碳纤维材料，长度为 6～8m，导电性能比金属还好，鱼竿碰线会造成短路跳闸，且多数会造成电弧灼伤甚至死亡的严重后果。

3.2.2 输电线路外力破坏事故的特点

外力破坏引发的线路事故与其他事故相比较，具有以下特点：

（1）破坏性大，不仅能引起设备损坏或停电事故，还常伴随着人身伤亡事故的发生。

（2）季节性强，如树（竹）木碰线一般发生在春季和夏季，垂钓碰线一般发生在夏季或秋季，山火短路事故一般发生在秋季、冬季或者清明等节气时间。

（3）区域性强，如盗窃破坏、机械破坏、异物短路破坏一般发生在城乡接合部、开发区附近或厂房附近，爆破事故一般发生在采石场、大型施工场所等区域。

（4）防范困难，由于输电线路分布点多、面广，一条线路往往经历不同的区域，呈现出不同的区域特征，而且区域环境变化快速，不易有效掌握，因此，相对于其他线路事故，外力破坏的防范更加困难。

3.2.3 输电线路防外力破坏二十一条反措

（1）输电线路运维单位应依据《输电线路通道管理办法》，与本单位营销部门建立沟通协调机制，在营销部门受理临时用电申请后，会同营销部门核查新建建筑物和工程施工过程中电力设施的安全距离是否满足安全要求，对不符合要求的，应不予批准其临时施工电源供电申请。

（2）各单位应建立完善的输电通道属地化制度，完善属地化工作机制。线路运维单位每年提交线路区域划分方案，经本单位运检部审核后，与属地供电公司（供电所）签订属地护线责任书。各单位应建立健全群众护线网络，明确护线员职责，将线路逐线、逐档、逐基落实到个人。

（3）各供电公司应积极与地方政府相关部门联系，建立沟通机制，了解并掌握线路通道周边施工建设规划和进展，及早采取通道保护措施。

（4）各级线路运维单位宜开展网格化隐患处置。网格划分应满足20min快速响应需求，网格点应具备24h响应机制。

（5）各单位应在线路保护区或附近的公路、铁路、水利、市政施工现场、苗圃、码头、鱼塘等可能引起误碰线的区段设立限高警示牌或采取其他有效措施，并安装可视化装置，可视化装置应具备夜视功能，防止吊车等施工机械碰线。

（6）运维单位应组织建立吊车、水泥泵车等特种工程车辆车主、驾驶员等相关人员的台账资料，开展电力设施安全知识宣传及培训，提高特种工程车辆相关人员的安全意识。

（7）在对地交跨距离较低、车辆碰线危险性较大区域，应对线路开展改造，或在线路交跨两侧加装限高装置及警示标识，加装限高装置时应取得政府同意。在道路与电力线路交跨位置前后装设限高装置，应注明限制高度。

（8）杆塔基础外缘15m内有车辆、机械频繁临近通行的线路段，应做好防撞措施，并设立醒目的警告标识。

（9）对易遭外力碰撞的线路杆塔，应设置防撞墩（墙），并涂刷醒目标志。

（10）针对固定施工场所，如桥梁道路施工、铁路、高速公路等在防护区内施工或有可能危及电力设施安全等的施工场所，应落实保护桩、限高架（网）、拦河线、限位设施、视频（图像）监视、警示牌等物防措施。

（11）对输电线路周边的彩钢瓦、塑料大棚、垃圾场、废品回收场所等，运维单位要督促管理者拆除或加固。对塑料薄膜、防尘网等可能形成漂浮物隐患的，应采取有效的固定措施。必要时提请政府协调处置。

（12）各单位应在风筝、孔明灯等多发区域的输电线路附近，设置醒目的禁止放飞风筝警示标志，并在广场、公园、空地等开展定点宣传，同时应制定巡查方案，按期巡查重点区域。

（13）运维单位应与鱼塘主签订安全协议，督促鱼塘主加强管理，防止钓鱼、起吊渔网、冲刷鱼塘等碰线事故。应在保护区附近的鱼塘岸边、鱼塘路口等设立安全警示牌。

（14）对于离线路绝缘子串挂点水平距离 2m 以内的鸟巢，应予以拆除，或将鸟巢移至离杆塔较远的安全区内。若鸟巢是由于封堵不到位引起，应及时对原鸟巢位置进行严密封堵。

（15）运行单位应对照最新版涉鸟故障风险分布图，按照《架空输电线路涉鸟故障防治指导意见》，对在运线路，逐基落实防鸟措施，并在每年 2 月份前，对本单位的输电线路防鸟设施开展一次全面检查。

（16）对跨越河道的线路不符合《江苏省内河航道架空缆线通航净空规定河道通航标准》（简称《净空标准》）或 DL/T 741—2019《架空输电线路运行规程》要求应列为重大隐患及时进行改造。在改造之前，应在跨越段两侧装设拦河线/网，拦河线距离导线的距离应不小于河面宽度的一半，拦河线高度应满足《净空标准》的要求。

（17）综合考虑汛期、丰水季节特点及跨越点安全距离实际情况，对于符合以下条件之一的，应在跨越段两侧设立拦河线（限高架）、安全警示标志（牌）、可视化等，近期通航河道有提档升级时，应按照河道升级后的标准进行核算净空距离，并应优先安装拦河线等物防措施。

1）净空距离不满足《净空标准》中 H＋1.8m 的 220kV 及以上重要线路。

2）临近码头、大型超高船只过往频繁，对线路威胁较大的跨河区段。

3）电厂上网、重用用户供电、城市生命线供电线路等重要线路跨通航河流区段。

4）其他有必要装设的区段。

（18）拦河线、限高架等物防措施，应标明电力线路下穿越物体的限制高度和要求。拦河线距离在运输电线路边导线的距离应不小于河面宽度的一半，拦河线距离导线下方的垂直距离不应小于《净空标准》中 H2，具体设置位置结合现场地形条件，拦河线上宜设置醒目警示标牌及夜间警示灯。

（19）运维单位应建立拦河线台账，结合跨越段杆塔本体巡视开展拦河线巡视工作，并及时消除拦河线相关设施的缺陷及隐患。

（20）所有跨越通航河流的输电线路跨越段，均应装设视频监控装置，视频监控装置视角应能有效覆盖跨越段航道范围，并具备夜视能力。

（21）新投跨越通航河流线路、临近通行道路等在可研阶段，应考虑物防措施。

3.2.4　外力破坏事故防范的法律依据和措施

防止外力破坏事件的发生，应该依法宣传、依法防范、依法处置，根据法律法规制订相应的防范措施。

3.2.4.1　外力破坏事故防范的法律依据

《江苏省电力条例》（简称《条例》）是江苏省的地方性法规，它是在贯彻国家法律法规、总结江苏省电力创新实践经验的基础上，针对新情况、新问题，对电力事业发展方向以及各类具体问题作出了更加明确的规定，细化了《中华人民共和国电力法》《电力设施保护条例》等相关的法律法规条款，既符合电力事业的发展趋势，又充分体现了本省特点，具有较针对性、规范性和可操作性。《条例》中涉及有关电力设施宣传、保护方面的分别是第六条、第三十四条到第三十八条、第五十九条，下面对这七项条款进行释义。

（1）第六条。

1）原文。

第六条【电力宣传】县级以上地方人民政府及其电力行政管理部门和电力企业应当加强电力法律、法规和电力知识的宣传，提高全社会低碳生活、安全用电、节约用电意识。

广播、电视、报刊、互联网等媒体应当开展电力使用安全公益性宣传。

2）释义。

本条是关于政府及电力行政管理部门、电力企业、媒体开展电力宣传的规定。

a．政府部门和电力企业宣传。

本条第一款规定了地方政府、电力行政管理部门以及电力企业在宣传电力法律法规和电力知识方面的职责。为进一步提高低碳生活、安全用电、节约用电意识，行政机关和电力企业应当加强政府企业联动，创新宣传形式，加大宣传力度，强化全社会的用电、护电意识。

b. 媒体公益性宣传。

本条第二款规定了社会媒体在开展电力使用安全公益性宣传方面的义务。广播、电视、报刊、互联网等社会媒体应当充分利用自身平台，广泛开展电力公益宣传，积极营造全社会安全用电的氛围。

（2）第三十四条。

1）原文。

第三十四条【警示标志】电力企业和电力设施所有人、管理人，应当根据国家和省的规定设立并维护安全警示标志。

2）释义。

本条是关于设立安全警示标志的责任主体作了明确规定。《安全生产法》第三十二条规定，"生产经营单位应当在有较大危险因素的生产经营场所和有关设施、设备上，设置明显的安全警示标志"。设立安全警示标志的行为主体包括电力企业、电力设施所有人、电力设施管理人。电力设施所有人是指对电力设施享有所有权的人，即电力设施产权人，其依法对其所拥有的电力设施享有占有、使用、收益和处分的权利。电力设施管理人是指日常对电力设施进行维护、检修的人，电力设施管理人在设立安全警示标志后，应当定期对安全警示标志进行检查、维护，确保警示标志内容清晰、准确。

（3）第三十五条。

1）原文。

第三十五条【禁止行为】任何单位和个人不得出现下列危害电力设施的行为：

（一）在发电厂、变电站围墙外缘三百米和架空电力线路导线两侧各三百米范围内，放飞风筝或者其他空中飘移物以及未采取固定措施敷设塑料薄膜、彩钢瓦等遮盖物；

（二）在架空电力线路保护区内搭建临时设施；围建、侵占电力设施，或者垂钓，组织、经营垂钓活动；

（三）在火力发电设施水工建筑物周围一百米的水域内游泳、划船，以及捕鱼、炸鱼等其他可能危及水工建筑物安全行为；

（四）在电力设施保护区内燃放烟花爆竹或者堆放易燃易爆物品；

（五）在电缆竖井、电缆沟道中堆放杂物、易燃易爆物品或者倾倒垃圾，擅自在电缆沟道中施放各类缆线；

（六）排放导电性粉尘、腐蚀性气体等造成电力设施损害；

（七）堆砌、填埋、取土导致电力设施埋设深度改变，或者在架空电力线路下堆砌物体、抬高地面高程、增加建筑物（构筑物）高度导致安全距离不足；

（八）擅自打开或者损坏电力设施箱门、电缆盖板、井盖；

（九）破坏、侵入电力工控系统网络、电力信息网络，干扰信息网络正常功能，窃取、泄露电力企业和用户网络数据；

（十）擅自攀爬电力设施，或者擅自在架空电力杆、塔等电力设施上搭挂各类缆线、广告牌等外挂装置；

（十一）以封堵、拆卸等方式破坏与电力生产运行有关的供水、排水、供电、供气、通道等设施；

（十二）法律、法规禁止危害电力设施的其他行为。

电力设施保护区范围内不得放飞无人机。因农业、水利、交通、环保、测绘等作业需要放飞无人机的，应当征得电力设施所有人、管理人同意，并采取相应安全措施。

2）释义。

本条是关于各类危害电力设施行为的禁止性规定。

a. 危害电力设施的禁止性行为。

本条第一款明确规定了十二类危害电力设施的禁止性行为。电力系统的安全稳定运行事关公共安全，保护电力设施是每个公民应尽的义务。本款在《电力设施保护条例》等法律法规基础上，对危害电力设施的行为作了细化和补充。

① 第一项结合《电力设施保护条例》第十四条第三项规定，把"发电厂、变电站围墙外缘三百米"补充列为禁放风筝区域，新增了在电力设施保护区内未采

取固定措施敷设塑料薄膜、彩钢瓦等遮盖物等危害电力设施的禁止性行为。在发电厂、变电站及架空电力线路附近从事放风筝或者未采取固定措施敷设塑料薄膜、彩钢瓦等行为，可能造成电力设施短路故障，从而引发局部停电事件，甚至造成人员伤亡和财产损失。② 第二项在《电力设施保护条例》第十五条第三项的基础上增加了禁止在架空电力线路保护区内进行垂钓或者组织、经营垂钓活动的规定。由于鱼竿材质多为半导体的碳素材料，加之鱼线经水浸泡后导电性增强，为避免垂钓触电伤亡事故的发生，本条增加了在架空输电线路保护区范围内禁止垂钓的禁止性规定。③ 第三项是对原《江苏省电力保护条例》第十一条第三项的保留，明确规定不得在火力发电设施水工建筑物周围一百米的水域内进行捕鱼等可能危及水工建筑物安全的行为。④ 第四项对原《条例》第十一条第一项规定做了修改和扩充。在电力设施保护区内燃放烟花爆竹易造成电力设施着火、电力线路损伤等电力事故，本条新增了在电力设施保护区"燃放烟花爆竹"的禁止性规定。⑤ 第五项是在《电力设施保护条例》第十六条第一项和原《江苏省电力保护条例》第十一条第七项内容的基础上，对在电缆竖井、电缆沟道中的禁止性行为作了修改和补充。⑥ 第六项新增了关于禁止排放导电性粉尘、腐蚀性气体的规定。导电性粉尘会造成电气安全距离的减少、破坏电气设备的绝缘强度，可能引发电气设备短路等故障；腐蚀性气体会腐蚀电力设施、设备，改变金属设备的强度、导电性以及延展性，进而引发电力事故。⑦第七项在原《条例》第十一条第四项规定的基础上增加了"堆砌、填埋、取土导致电力设施埋设深度改变"的禁止性规定，防止因外部施工而对电力设施产生间接性危害。⑧第八项为新增的危害电力设施行为的禁止性规定，明确禁止擅自打开或损坏电力设施、箱门、电缆盖板、井盖。上述行为不仅会危害电力设施，影响电力系统的平稳运行，还会引发触电、坠井等事故。⑨ 第九项为新增的危害电力设施行为的禁止性规定。电力工控系统网络、电力信息网络也属于电力设施，受法律保护，任何单位和个人不得恶意破坏、侵入电力工控系统和电力信息网络。⑩ 第十项在原《江苏省电力保护条例》第十一条第六项规定的基础上做了扩充，将"电力杆、塔设施"扩大为所有电力设施。⑪ 第十一项是对原《江苏省电力保护条例》第十一条第五项规定的保留。⑫第十二项是兜底条款，除明确列举的十一种危害电力设施的行为外，任何单位和个人也不得实施法律、法规禁止危害电力设施的其他行为。

b. 禁止放飞无人机。

本条第二款规定在电力设施保护区内禁止放飞无人机。无人机在农业、水利、交通、环保、测绘等行业的广泛应用，给电力设施保护工作带来了新问题。在架空输电线路附近，未采取安全措施放飞无人机可能导致线路对其放电从而引发线路跳闸。同时，架空输电线路可能对无人机产生信号干扰，引发机器坠落，造成财产损失。因开展电力巡检、农业植保、工程测绘等作业确需在电力设施保护区内放飞无人机的，应征得电力设施所有人、管理人的同意，并采取相应的安全措施，严格测算飞行线路和角度，保证安全距离。

（4）第三十六条。

1）原文。

第三十六条【线路保护】在电力线路保护区内进行打桩、钻探、开挖等可能危及电力线路设施安全的作业，或者起重、升降机械进入架空电力线路保护区内作业，或者在电力设施周围五百米水平距离范围内进行爆破作业的，应当经设区的市、县（市、区）电力行政管理部门批准，并采取安全措施后方可进行。

在电力线路保护区内，已有的经过修剪的植物经自然生长后可能危及电力设施安全的，所有人或者管理人应当及时修剪。所有人或者管理人经电力企业通知后在合理期限内仍未修剪的，电力企业可以进行修前，并不补偿修剪植物的相关费用。

在自然灾害等不可抗力及其他紧急情况下，对可能危及电力设施安全的植物，经所有人或者管理人采取其他措施仍不足以消除安全隐患的，电力企业可以修前或者砍伐。事后电力企业应当及时将采伐情况报林业或者城市绿化主管部门备案。

涉及古树名木和其他濒危、稀有植物的，应当按照法律、法规的有关规定执行。

2）释义。

本条是关于在电力线路保护区内施工作业许可以及修剪危及电力设施安全植物的规定。

a. 电力线路保护区内的施工作业许可。

本条第一款是关于在电力线路保护区内施工作业许可的规定。《中华人民共和国电力法》第五十四条规定，"任何单位和个人需要在依法划定的电力设施保护区内进行可能危及电力设施安全的作业时，应当经电力管理部门批准并采取安全措施后，方可进行作业"。三种常见的有可能危及电力设施安全的作业有：① 在线路保护区内打桩、钻探、开挖等作业；② 起重，升降类机械进入架空输电线路保护区内施工；③ 在电力设施周围五百米水平距离范围内进行爆破的作业。由于电力设施的安全不仅关系到电力企业的利益，更事关重大的公共利益，因此开展上述可能危及电力设施安全的作业，需要事先经电力行政管理部门批准，并采取相应的安全措施。

b. 修剪危及电力设施安全的植物的要求。

a）本条第二款规定了植物所有人或管理人修剪义务。强调修剪义务，符合法律上权利义务一致原则。法律赋予植物所有人、管理人拥有对植物一般意义上的支配权，当植物出现危及电力设施安全的情况时，其所有人或管理人有义务予以清除。客观上，植物所有人或管理人具备比电力企业更充分地发现，处理树木安全隐患的条件。所有人或管理人没有发现危险或者发现后却怠于消除隐患，电力设施所面临的危险不会自动消除，电力企业会通知所有人或者管理人进行修剪。若通知后，所有人或管理人在合理期限内仍不修剪，电力企业可以自行修剪，并不予补偿。

b）本条第三款规定了在发生不可抗力或其他紧急情况时，电力企业有权对可能危及电力设施安全的植物进行砍伐或修剪。该款明确了电力企业在紧急状态下排除妨碍的权利，是电力安全应急工作的重要内容。但为防止滥用权力，本款明确了"经所有人或者管理人采取其他措施仍不足以清除安全隐患"的前置条件，以及事后"电力企业应当及时将采伐情况报林业或者城市绿化主管部门备案"的义务。

c）本条第四款是关于古树名木和其他濒危、稀有植物可能危及电力设施安全时的处理规定。对于古树名木和其他濒危、稀有植物的处理，电力企业应根据《城市古树名木保护管理办法》等相关法律法规的规定执行。

（5）第三十七条。

1）原文。

第三十七条【保护（控制）区交叉重叠】铁路、公路、港口、航道（水道）等经营管理单位应当与电力企业共同推进铁路线路安全保护区、公路建筑控制区、港口、航道（水道）保护区等和电力设施保护区重叠范围内的地下管沟或者管廊建设和应用，最大限度减少高空交叉跨越，保障交通、电力等基础设施安全。

2）释义。

本条是关于处理电力设施保护区与其他公共基础设施保护（控制）区交叉重叠的相关规定。

为进一步保障重叠区段的交通、电力等基础设施安全，本条在《电力设施保护条例》第二十二条的基础上作了补充和修改。进一步明确了电力企业、铁路、公路等经营管理单位在交叉重叠范围内的地下管沟或者管廊建设中的职责，尽可能避免因架空电力线路与铁路、公路、港口、航道（水道）交叉跨越带来的危害。

（6）第三十八条。

1）原文。

第三十八条【相邻关系】任何单位和个人不得妨碍、阻止电力设施所有人和管理人对电力设施进行巡查、维护、抢修。

因维护、抢修电力设施需要利用相邻不动产的，相邻不动产所有权人、管理人应当支持和配合。维护、抢修电力设施应当尽可能避免对相邻不动产造成损害；造成损害的，应当及时修复或者依法给予补偿。

2）释义。

本条是关于不得妨碍、阻止电力设施巡查、维护、抢修，以及电力设施和相邻不动产的所有权人、管理人有关义务的规定。

本条第一款规定不得妨碍、阻止电力设施巡查、维护、抢修。《中华人民共和国电力法》第七十条规定，"有下列行为之一，应当给予治安管理处罚的，由公安机关依照治安管理处罚条例的有关规定予以处罚；构成犯罪的，依法追究刑事责任：（一）阻碍电力建设或者电力设施抢修，致使电力建设或者电力设施抢修不能正常进行的……"为保障电力设施的安全稳定运行，本款明确规定电力设施所有人、管理人可依法对电力设施进行巡查、维护和抢修，其他单位和个人不得非法干预和阻挠。

本条第二款规定相邻不动产所有权人、管理人的配合义务。电力设施相邻关系是一种依附于物权所产生的物权法律关系。《民法典》第二百九十二条规定，"不动产权利人因建造、修缮建筑物以及铺设电线、电缆、水管、暖气和燃气管线等必须利用相邻土地、建筑物的，该土地、建筑物的权利人应当提供必要的便利"。实践中，主要有以下几种相邻关系：一是相邻土地关系；二是相邻排污关系；三是相邻流水、用水、截水、排水关系；四是相邻管线关系；五是相邻光照、通风、音响、振动、辐射关系。同时，本款规定电力设施所有人和管理人应尽可能避免对相邻不动产造成损害；造成损害的，应当根据相关法律法规规定，及时修复或者依法给予补偿。《民法典》第二百九十五条规定，"不动产权利人挖掘土地、建造建筑物、铺设管线以及安装设备等，不得危及相邻不动产的安全"。第二百九十六条规定，"不动产权利人因用水、排水、通行、铺设管线等利用相邻不动产的，应当尽量避免对相邻的不动产权利人造成损害"。

（7）第五十八条。

1）原文。

第五十八条【危害电力设施的责任】违反本条例第三十五条第一款规定，危害电力设施；或者违反本条例第三十五条第二款规定，在电力设施保护区范围内未经同意放飞无人机，或者虽经同意但未采取安全措施危害电力设施的，由电力行政管理部门责令改正；拒不改正的，处一百元以上一千元以下罚款；情节严重的，处一千元以上一万元以下罚款。

2）释义。

本条是关于危害电力设施行为的法律责任规定。

本条明确了垂钓、放飞无人机、损坏电缆井盖等 13 类危害电力设施行为的行政处罚责任。在处罚条件上，本条设置了两项要求：第一，违法行为从客观上符合本条例第三十五条规定的各类情形；第二，电力行政管理部门作出行政处罚决定之前，应当先责令改正。行为人拒不改正的，电力行政管理部门视情节轻重予以处罚。

（8）第五十八条。

1）原文。

第五十九条【违法作业责任】违反本条例第三十六条第一款规定，在电力线路保护区内进行作业，未经批准或者虽经批准但未采取安全措施危及电力设施安全的，由电力行政管理部门责令停止作业、恢复原状并赔偿损失。

2）释义。

本条是关于在电力线路保护区内违法作业行为的法律责任规定。

本条明确了未经批准或者虽经批准但未采取安全措施危及电力设施安全应当承担法律责任的行为。主要包括三类：① 在电力线路保护区内，未经批准或者虽经批准但未采取安全措施的打桩、钻桩、开挖等可能危及电力线路设施安全的作业行为；② 在电力线路保护区内，未经批准或者虽经批准但未采取安全措施的起重、升降机械进入架空电力线路保护区内的作业行为；③ 在电力设施周围 500m 水平距离范围内，未经批准或者虽经批准但未采取安全措施进行爆破作业的。在具体法律责任形式上，本条规定由电力行政管理部门责令停止作业、恢复原状并赔性损失在三种责任形式。

3.2.4.2　外力破坏事故防范的措施

依据《条例》相关的规定，线路运维人员在运维过程中，应密切联系群众、积极与政府部门沟通、及时开展运维工作，最大限度地降低输电线路外力破坏的风险。

（1）加大电力设施保护力度。电力部门应利用传单、贴纸、广播、报纸、等各种有效手段，积极宣传和普及电力法律、法规知识，增强群众保护电力设施的意识。电力设施安全部门应积极主动地与当地发改委、人民政府、公安机关交流情况，沟通信息，注重防范，建立电力、公安联保体系，通过快速侦破破坏电力设施案件，打击犯罪分子，清理非法收购点，使盗窃电力设施的犯罪分子得到应有的惩罚、盗窃行为无利可图，营造良好的社会保护环境。

（2）建立健全群众护线员制，加强对群众护线员队伍的动态管理，组成一支能深入基层，熟悉乡情的乡（镇）的、以线路沿线居民为主的护线员队伍。群众护线员是对专职护线工作的一种有益补充，通过工程技术人员定期给义务护线员讲授输电线路维护知识课，利用护线员居住在线路附近、地理环境熟悉、线路设备可随时监控的有利条件，建立奖惩分明的激励机制，充分发挥义务护线员对输电设备巡查、报警的积极性，及时弥补了野外设备大部分时间无人看管的现状，可以大幅度提高设备安全健康运行。

（3）建立政企合作的电力设施保护新模式。目前供电部门是企业，电力设施保护工作是一项综合性的社会系统工程，一些地方政府部门往往存在偏见，认为电力设施保护与己无关；一些执法单位对保护电力设施也缺乏积极性，导致电力设施屡遭破坏。为此，应该积极探索建立政企合作的电力设施保护新模式。如某局通过积极努力，电力设施保护工作得到了地方政府的强力支持，在全国首创"政企合作"的输电设备保护新模式，地方政府发文明确规定各地（县）市安监局为当地电力设施保护的执法主体，将输电设备保护责任纳入各级政府绩效考核，从根本上提高了输电设备隐患整治力度，取得了突出的成效。

（4）建立危险点预控体系和特殊区域管理。线路运行部门应按照各输电设备途径的地理环境及特殊地段，根据外力破坏的类型建立不同的特殊区域，并根据季节性、区域性等特点，制定相应有效的预防控制措施，将其纳入各自的危险点数据库，进行滚动管理。如对开发区、大型施工区等开发建设，应根据实际情况及时发隐患通知书，并缩短巡视周期，待隐患消除后再延长巡视周期；

对于毛竹生长季节应根据毛竹速长的特点加强季节性特巡，防患于未然，同时对某些可以采取加塔顶高或升高改造杆塔处，运行单位应积极采取措施，由于竹类的生长高度基本固定，采用升高杆塔措施能一劳永逸地取消该危险点的方法之一。

（5）对于申请临时用电的施工单位，电力部门内部应采取联手协防的措施，由生技、营销部门联合下文，明确下属供电营业所在接纳施工单位的用电申请流程中，增加输电线路运行单位在申请流程表中的审查签发栏，由线路运行单位核查施工现场有否危及线路安全运行隐患，若建筑施工项目是有规划且批准的合法工程时，虽然是建在线路通道内时，供电单位与施工用电单位应签订防护措施（措施由输电运行单位审核）、责任归属和停电整顿条件和流程，并缴纳责任保证金，从而促使施工单位控制塔吊、钢筋对带电导线的安全距离。

（6）加强设备本体防外力破坏水平。如对防止偷盗事故发生的是杆塔、拉线本体，应积极做好防盗措施。如杆塔本体可根据实际情况提高杆塔防盗螺栓的安装高度，甚至可将塔身段全部安装成防盗螺栓；为防范拉线 UT 形线夹被盗，可在 UT 形线夹螺栓上安装防盗装置；为防止树木风偏碰线，可根据需要在档距间增加直线塔顶高或原塔升高改造，从而一次性消除该隐患，减少线路巡视工作量。

（7）加大线路警示牌的安装与维护工作。主要包括两个方面内容：一是必须确保杆塔本体杆号牌、警示牌的规范和完整；二是在线路通道危险点附近应及时安装、更新相应的警示标志，如发现有在杆塔周围取土的隐患时，应及时布置"严禁取土"警示标志，并用安全围栏做好相应的区域管理；在线路交跨树林时，应及时对树线距离不足的树木进行修剪或砍伐，同时在线路下方或沿线安装"禁止种植高大树种"等警示标志，防止新增树木；在线路交跨鱼塘、水库时，应在线路下方或沿线安装"严禁垂钓"等警示标志，并应在各个路口安装相应的警示标志；通过规范、及时、必要的警示标志，可以大大降低外力故障发生率。同时按民法高危险度行业法律责任的要求，对每个鱼塘业主和村委会，邮寄电力设施隐患通知书，告之高压线路的危害性，如何防范的措施等，以规避企业风险。

（8）积极探索在线监控等新型防外力破坏技术。各线路运行部门应根据实际需求，积极应用输电线路危险点在线实时监控、防盗报警等新技术，建立外破坏危险点的实时监控平台。某局针对近些年来输电线路走廊内影响输电设备安全运行的各类威胁、隐患问题日益突出，自可视化实时监控系统的开发和应用，及时发现并迅速处置可能发生外力破坏的隐患，实现了输电线路危险点的实时监控，从而可以全面及时地掌控输电设备危险点的风险度，减少了运行维护工作量，降低了生产成本，提高了输电线路供电可靠性。

第 4 章　典型输电线路运维项目

本章介绍了输电线路的典型运维项目，主要内容有砍剪树木、接地电阻测量、接地环流检测以及红外测温等工作，详细介绍了相关工作的作业准备和具体内容以及相应的危险点预控措施。初步掌握输电线路运维工作的相关内容和危险点防范措施。

4.1　砍剪树木

4.1.1　工作内容

输电线路通道内树木的处理，是线路运维工作中的常规性工作。在换算至导线最大弧垂、最大风偏情况下，对通道内及附近树线垂直距离、净空距离不满足 DL/T 741—2019《架空输电线路运行规程》要求的最小垂直距离、净空距离的树木进行修剪和砍伐。在实际运维中，同样要对倒杆距离不足的树木进行检测，条件允许的情况下，可对此类树木进行修剪或砍伐。

4.1.2　危险点分析和预控措施

砍剪树木危险点主要有触电、高空坠落、高空坠物、割伤、动物伤人等。

1．触电的预控措施

（1）在线路带电情况下，砍剪靠近线路的树木时，工作负责人应在工作开始前，向全体人员说明：电力线路有电，人员、树木、绳索应与导线保持 GB 26859—2011《电力安全工作规程　线路部分》规定的安全距离。

（2）树枝接触或接近高压带电导线时，应将高压线路停电或用绝缘工具使树枝远离带电导线至安全距离。此前禁止人体接触树木。

（3）风力超过5级时，禁止砍剪高出或接近导线的树木。

2．高空坠落的预控措施

上树时，不应攀抓脆弱和枯死的树枝，并使用安全带。安全带不准系在待砍剪树枝的断口附近或以上。不应攀登已经锯过或砍过的未断树木。

3．高空坠落的预控措施

（1）砍剪树木应有专人监护。待砍剪的树木下面和倒树范围内不准有人逗留，城区、人口密集区应设置围栏，防止砸伤行人。

（2）为防止树木（树枝）倒落在导线上，应设法用绳索将其拉向与导线相反的方向。绳索应有足够的长度和强度，以免拉绳的人员被倒落的树木砸伤。砍剪山坡树木应做好防止树木向下弹跳接近导线的措施。

4．割伤的预控措施

使用油锯和电锯的作业，应由熟悉机械性能和操作方法的人员操作。使用时，应先检查所能锯到的范围内有无铁钉等金属物件，以防金属物体飞出伤人。

5．动物伤人的预控措施

砍剪树木时，应防止马蜂等昆虫或动物伤人。如存在伤人的动物，应进行驱赶；如有马蜂等昆虫，应佩戴防遮功能的面罩。

4.1.3　作业前准备工作

1．作业方式及作业条件

砍剪树木时，应在良好天气下进行，如遇雷、雨、雪、雾不得进行作业，风力超过5级时，禁止砍剪高出或接近导线的树木。

2．人员组成

工作负责人（或监护人）1名，高空（地面）作业人员2名，共3人（根据工作现场实际情况增减人员）。

3．劳动防护用品和安全工器具

（1）所需劳动防护用品主要有安全帽、安全带、长袖棉质工作服、棉质手套。

（2）所需安全工器具主要有警示围栏（栅栏）、警示牌、绝缘绳索等。

（3）所需工具主要有斧头、手锯、油锯等。

4.2　接地电阻的测量

4.2.1　工作内容

接地电阻的测量工作，是线路运维工作中的常规性工作。工作主要有三部分：① 打开接地引线，用扳手拆开杆塔接地每个接地引下线，拆开接地引下线的连接螺栓；② 接地电阻表测量（手摇），按照要求对接地摇表或接地电阻测量仪进行操作，读出电阻值；③ 恢复接地引线，固接地引下线的螺栓恢复接地。

4.2.2　危险点分析和预控措施

接地电阻测量的危险点主要是触电。

触电的预控措施如下：

（1）拆开外引接地线的杆塔，操作人员必须戴绝缘手套，防止感应电伤害。

（2）拆开接地引线禁止碰触接地引下线杆塔端。

（3）测量时被测地极应与设备断开。

（4）测量时人体不得接触到电流线、电压线和接地体连接外露部分金属。

4.2.3　作业前准备工作

1．作业方式及作业条件

接地测量应在雷雨季前干燥季节进行。不得在雷雨天进行。

2．人员组成

工作负责人（或监护人）1 名，操作人员 2 名，共 3 人（根据工作现场实际情况增减人员）。

3．作业工具、材料配备

（1）所需工器具主要有接地摇表或接地电阻测量仪、电流线、电压线、探针、扳手、钳子、铁锤、绝缘手套。

（2）所需材料主要有笔、记录本。

4.3 接地环流检测

4.3.1 工作内容

接地环流检测主要通过电流互感器或电流表来实现，电流互感器是依据电磁感应原理将一次侧大电流转换成二次侧小电流来测量，在工作室，二次侧回路始终是闭合的，测量仪表和保护回路的串联线圈阻抗很小，电流互感器的工作状态接近短路。

4.3.2 危险点分析和预控措施

接地环流检测的危险点主要是触电及窒息。

1．触电的预控措施

（1）拆开电缆接头接地箱，操作人员必须戴绝缘手套，防止感应电伤害。

（2）拆开接地箱，禁止碰触接地箱内部铜排。

2．窒息的预控措施

若有限空间场所工作，则需要按有限空间作业的要求，对工作场所进行通风，在气体检测合格后，方可入内工作。

4.3.3 作业前准备工作

1．作业方式及作业条件

（1）接地环流检测不应在有雷、雨、雾、雪环境下进行检测。

（2）作业时在电缆设备上无各种外部作业。

2．人员组成

工作负责人（或监护人）1名，操作人员2名，共3人（根据工作现场实际情况增减人员）。

3．作业工具、材料配备

（1）所需工器具主要有钳形电流表、绝缘手套。

（2）所需材料主要有笔、记录本、手电、气体检测仪。

4.4　红外测温

4.4.1　工作内容

红外测温是通过将物体发出的不可见红外能量转变为课件的热图像，通过查看热图像可以观察到被测物体的整体温度分布状况，可检测电缆附件因接触不良或者是局部放电等引起的发热缺陷。

4.4.2　危险点分析和预控措施

红外测温检测的危险点主要是窒息。

窒息的预控措施：若有限空间场所工作，则需要按有限空间作业的要求，对工作场所进行通风，在气体检测合格后，方可入内工作。

4.4.3　作业前准备工作

1．作业方式及作业条件

（1）风速一般不大于 0.5m/s。

（2）设备通电时间不小于 6h，最好在 24h 以上。

（3）检测期间天气为阴天、夜间或晴天日落 2h 后。

（4）被检测设备周围应具有均衡的背景辐射，应尽量避开附近热辐射源的干扰，某些设备被检测时还应避开人体热源等的红外辐射。

（5）避开强电磁场，防止强电磁场影响红外热像仪的正常工作。

（6）被检设备是带电运行设备，应尽量避开视线中的封闭遮挡物，如门和盖板等。

（7）环境温度≥5℃，环境相对湿度一般≤85%；以阴天、多云的天气为宜，夜间图像的质量为最佳；尽量避免在雷雨天、大雾、下雪天下进行，检测时的风速一般≤5m/s。

（8）户外晴天要避开阳光直接照射或反射进入仪器镜头，在室内或晚上检测应避开灯光的直射，宜闭灯检测。

（9）检测电流致热型设备，最好在高峰负荷下进行。否则，一般应在不低于 30% 的额定负荷下进行，同时应充分考虑小负荷电流对测试结果的影响。

2．人员组成

工作负责人（或监护人）1 名，操作人员 2 名，共 3 人（根据工作现场实际情况增减人员）。

3．作业工具、材料配备

（1）所需工器具主要有红外成像仪、红外测温仪。

（2）所需材料主要有笔、记录本、手电、气体检测仪。

第5章 输电检修作业安全管理

本章主要介绍了输电线路检修施工的安全管理知识。首先介绍了架空输电线路、输电电缆检修施工分类以及对应的检修风险等级分类。随后对架空输电线路和输电电缆检修现场存在的危险点进行了详细的风险分析，并针对这些危险点提出相应的预防控制措施。

5.1 输电线路检修分类以及风险定级

5.1.1 输电线路检修分类和检修项目

输电线路分为架空输电线路和输电电缆，输电线路的检修分类和检修项目见表 5-1。从表 5-1 中可以看出架空输电线路检修分为 A、B、C、D、E 五类检修，输电电缆检修分为 A、B、C、D 四类，以及每类检修对应详细的检修项目。

表 5-1　　　　　　　　　输电线路线路检修分类和检修项目

检修分类	检修项目	
A 类检修	A.1	杆塔更换、移位、升高（五基以上）
	A.2	导线、地线、OPGW 更换（一个耐张段以上）
	A.3	电缆整条更换
	A.4	电缆附件整批更换
B 类检修	B.1	主要部件更换及加装
	B.1.1	导线、地线、OPGW 光缆
	B.1.2	杆塔
	B.1.3	电缆少量更换

检修分类	检 修 项 目
B 类检修	B1.4 电缆附件部分更换
	B.2 其他部件批量更换及加装
	B.2.1 横担或主材
	B.2.2 绝缘子
	B.2.3 避雷器
	B.2.4 金具
	B.2.5 其他
	B.3 主要部件处理
	B.3.1 修复及加固基础
	B.3.2 扶正及加固杆塔
	B.3.3 修复导地线
	B.3.4 调整导线、地线弛度
	B.4 其他
C 类检修	C.1 绝缘子表面清扫
	C.2 线路避雷器检查及试验
	C.3 金具紧固检查
	C.4 导地线走线检查
	C.5 其他
D 类检修	D.1 修复基础护坡及防洪、防碰撞设施
	D.2 杆塔防腐处理
	D.3 钢筋混凝土杆塔裂纹修复
	D.4 更换杆塔拉线（拉棒）
	D.5 更换杆塔斜材
	D.6 拆除杆塔鸟巢
	D.7 更换接地装置
	D.8 安装或修补附属设施
	D.9 通道清障（交叉跨越、树竹砍伐等）
	D.10 绝缘子带电测零
	D.11 接地电阻测量
	D.12 红外测温
	D.13 其他
E 类检修	E.1 带电更换绝缘子

检修分类	检 修 项 目	
E 类检修	E.2	带电更换金具
	E.3	带电修补导线
	E.4	带电处理线夹发热
	E.5	其他

5.1.2　架空输电线路检修风险定级

根据可预见风险的可能性、后果严重程度，作业安全风险分为一到五级，即极高风险、高度风险、显著风险、一般风险、稍有风险。

（1）一级风险（极高风险）：指作业过程存在极高的安全风险，即使加以控制仍可能发生人身重伤或死亡事故。

（2）二级风险（高度风险）：指作业过程存在很高的安全风险，不加控制容易发生人身死亡事故。

（3）三级风险（显著风险）：指作业过程存在较高的安全风险，不加控制可能发生人身重伤或死亡事故。

（4）四级风险（一般风险）：指作业过程存在一定的安全风，不加控制极有可能发生人身轻伤事件。

（5）五级风险（稍有风险）：指作业过程存在较低的安全风险，不加控制有可能发生未遂人身安全事件。

按照设备电压等级、作业范围、作业内容对架空输电线路检修作业进行分类，在突出人身风险的基础上，综合考虑作业管控难度、工艺技术难度等因素，构建架空输电线路检修风险分级表见表 5-2，分为 Ⅰ～Ⅴ 五个等级，对应风险由高到低，用于指导现场作业组织管理。

表 5-2　　　　　　　　　　架空输电线路检修风险分级表

序号	设备电压等级（kV）	作业类型	作 业 内 容	风险定级
1	500	—	500kV 及以上电网"新技术、新工艺、新设备、新材料"应用的首次作业	Ⅱ级

续表

序号	设备电压等级（kV）	作业类型	作 业 内 容	风险定级
2	500	A/B 类检修	当日作业人员达（含）100 人以上或作业范围超过（含）30 基塔的杆塔组立、更换导地线或架空光缆作业	Ⅰ级
3	500	A/B 类检修	当日作业人员未达 100 人以上或作业范围未达 30 基塔的杆塔组立、更换导地线或架空光缆作业	Ⅱ级
4	500	B 类检修	当日作业人员达（含）100 人以上或作业范围超过（含）30 基塔的不涉及杆塔组立、更换导地线的作业	Ⅱ级
5	500	B 类检修	当日作业人员未达 100 人或作业范围未达 30 基塔的不涉及杆塔组立、更换导地线的作业	Ⅱ/Ⅲ级
6	500	C 类检修	当日作业人员达（含）100 人以上或作业范围超过（含）30 基塔的作业	Ⅱ/Ⅲ级
7	500	C 类检修	当日作业人员未达 100 人以上或作业范围未达 30 基塔的作业	Ⅲ级
8	500	D 类检修	当日作业人员达（含）100 人以上或作业范围超过（含）30 基塔登高作业	Ⅱ/Ⅲ级
9	500	D 类检修	当日作业人员未达 100 人以上或作业范围未达 30 基塔登高作业	Ⅲ级
10	500	D 类检修	当日作业人员达（含）100 人以上或作业范围超过（含）30 基塔的不登高作业	Ⅳ级
11	500	D 类检修	当日作业人员未达 100 人以上或作业范围未达 30 基塔登高作业	Ⅳ级
12	500	E 类检修	等电位更换整串绝缘子或新工艺的首次使用	Ⅱ级
13	500	E 类检修	其他带电作业	Ⅲ级
14	220 及以下	—	220kV 及以下电网"新技术、新工艺、新设备、新材料"应用的首次作业	Ⅲ级
15	220	A/B 类检修	当日作业人员达（含）100 人以上或作业范围超过（含）30 基塔的杆塔组立、更换导地线或架空光缆作业	Ⅰ级
16	220	A/B 类检修	当日作业人员未达 100 人或作业范围未达 30 基塔的杆塔组立、更换导地线或架空光缆作业	Ⅱ级
17	220	B 类检修	当日作业人员达（含）100 人以上或作业范围超过（含）30 基塔的作业	Ⅲ级
18	220	C 类检修	当日作业人员达（含）100 人或作业范围超过（含）30 基塔的作业	Ⅱ/Ⅲ级

序号	设备电压等级（kV）	作业类型	作 业 内 容	风险定级
19	220	C 类检修	当日作业人员达 50～100 人或作业范围达 20～30 基塔的作业	Ⅲ级
20	220	C 类检修	当日作业人员未达 50 人或作业范围未达 20 基塔的作业	Ⅳ级
21	220	D 类检修	当日作业人员达（含）100 人或作业范围超过（含）30 基塔的登高作业	Ⅲ级
22	220	D 类检修	当日作业人员未达 100 人或作业范围未达 30 基塔的登高作业	Ⅳ级
23	220	D 类检修	不登高作业	Ⅴ级
24	220	E 类检修	等电位更换整串绝缘子或新工艺的首次使用	Ⅱ级
25	220	E 类检修	其他带电作业	Ⅲ级
26	110	A/B 类检修	当日作业人员达（含）100 人以上或作业范围超过（含）30 基塔的杆塔组立、更换导地线或架空光缆作业	Ⅰ级
27	110	A/B 类检修	当日作业人员未达 100 人或作业范围未达 30 基塔的杆塔组立、更换导地线或架空光缆作业	Ⅱ/Ⅲ级
28	110	B 类检修	当日作业人员达（含）100 人以上或作业范围超过（含）30 基塔的作业	Ⅲ级
29	110	C 类检修	当日作业人员达（含）100 人或作业范围超过（含）30 基塔的作业	Ⅲ级
30	110	C 类检修	当日作业人员未达 100 人或作业范围未达 30 基塔的作业	Ⅳ级
31	110	D 类检修	登高作业	Ⅳ级
32	110	D 类检修	不登高作业	Ⅴ级
33	110	E 类检修	等电位更换整串绝缘子或新工艺的首次使用	Ⅲ/Ⅳ级
34	110	E 类检修	其他带电作业	Ⅳ级

5.1.3　输电电缆检修风险定级

按照设备电压等级、作业范围、作业内容对输电电缆检修作业进行分类，在突出人身风险的基础上，综合考虑作业管控难度、工艺技术难度等因素，建立输电电缆作业风险分级表见表 5-3，分为Ⅰ～Ⅴ五个等级，对应风险由高到低，用于指导现场作业组织管理。

表 5-3　　　　　　　　　输电电缆作业风险分级表

序号	设备电压等级（kV）	作业类型	作 业 内 容	风险评级
1	66	A/B 类检修	开断电缆作业	III级
2	66 及以上电缆	A/B 类检修	邻近易燃、易爆物品或电缆沟、隧道等密闭空间动火作业	III级
3		A/B 类检修	制作环氧树脂电缆头和调配环氧树脂工作	III级
4		B 类检修	高压电缆试验	III级
5		C 类检修	所有作业	IV级
6		D 类检修	所有作业	V级

5.2　输电线路检修作业现场典型风险预防措施

5.2.1　触电风险预防措施

（1）停电检修线路在进行检修前，需进行验电、装设接地线，检修结束后需将所装设的接地线全部拆下带回，并与领用清单一一对应确认。

（2）人体不准碰触接地线和未接地的导地线。为防止在风力作用下，接地线松动后感应电对接地线金属头放电灼伤导线，安装人员应在接地线装设完成后，确保接地线连接的可靠性，并拍照发工作负责人或监护人确认。

（3）工作接地线装设完毕后，现场工作负责人负责组织拍摄接地线所在位置杆塔号牌照、导线端和接地端特写照、塔头接地线装设完成全景照等 4 幅照片，并以微信或其他方式上传至运维单位工作许可人，许可人对接地线装设的位置、数量、装设质量等核实无误后许可现场工作负责人工作。

（4）工作地段如有邻近（水平距离 50m 范围内）、平行（水平距离 50m 范围内）、交叉跨越及同杆架设线路，在需要接触或接近导线工作时，应使用个人保安线。工作结束后，作业人员带回，工作负责人检查核对，确保个人保安线"随人进出"。

（5）经调度允许的连续停电，夜间不送电线路，工作地点的工作接地线可以不拆除，但次日恢复工作前应派专人登塔检查接地线是否完好，并拍摄接地线装设全景照上传运维单位工作许可人，许可人核实无误后许可复工。

5.2.2　高空坠落风险预防措施

（1）检修前核对外包单位安全带标签、安全帽在合格期内。作业前作业人员应认真检查安全带、安全帽等安全工器具是否良好，作业人员应确保能够正确使用安全带，作业人员在高空移位以及高空作业时都不得失去安全带（绳）保护。

（2）使用有后备保护绳或速差自锁器的双控背带式安全带，当后备保护绳超过 3m 时，应配备缓冲器。安全带和后备保护绳应分别挂在杆塔不同部位的牢固构件或专为挂安全带用的钢丝绳上，同时应采取防止安全带从杆顶脱出或被锋利物损坏措施。安全绳应高挂低用，严禁低挂高用，后备保护绳不准对接使用。

（3）上下杆塔时必须手抓牢，脚踏稳。作业人员在上、下杆塔时要沿脚钉攀登，不得沿单根构件、绳索或拉线上爬或下滑。发现有脚钉短缺时，应在绑好安全带之后进行移位，手扶的构件应牢固，任何情况下都要做好防滑措施，特别是雨雪天气。多人上下同一杆塔时应逐个进行，且人员间隔不得低于 2m。

（4）沿绝缘子串进、出导线时，后备保护绳应通过速差控制器拴在横担主材上，个人安全带系在不影响移动的绝缘子串上，并随身移动，严禁人员沿绝缘子串站立行走。

（5）在相分裂导线上工作时，安全带（绳），应挂在同一根子导线上，后备保护绳宜挂在整组相导线上。导线走线时，过间隔棒不得失去安全保护。

（6）现场监护人员采用无人机或望远镜对作业人员的行为实施跟踪检查，对人员转移关键环节抽查拍照记录。远程人员利用布控球的方式进行远程抽查，一旦发现违章，迅速联系工作负责人或安全监护人对违章人员进行安全教育，同一单位发现相同类型违章两次，立即停工整改，并重新组织违章单位人员进行安全教育并参加安规考试。

5.2.3　高空落物风险预防措施

（1）高处作业应一律使用工具袋。较大的工具应使用绳子拴在牢固的构件上。工件、边角余料应放置在牢靠的地方或用铁丝扣牢并采取防止坠落的措施，不准随便乱放，防止从高空掉落发生事故。

（2）作业时，上下传递物品使用绳索，不得乱扔，绳扣要绑牢，传递人员应离开吊件下方。

（3）作业点下方按坠落半径设置安全围栏，严禁非工作人员靠近、通过或逗留，人口密集区或行人道口也应设置围栏。

（4）现场人员必须佩戴安全帽，禁止非工作人员进出作业现场，劝离围观群众。

5.2.4　误登杆塔风险预防措施

（1）作业人员在作业现场应正确佩戴与待停电作业双重名称、色标一致的胸牌卡（线路识别标记卡）或其他识别标识，并在开班会上相互确认。

（2）项目实施过程中，运行单位与施工单位要保持同进同出。尤其同一通道多回线路或同塔双回（多回、直流线路双极）线路中一回停电，其他回路带电时，运行单位应派专人同进同出开展现场监护。

（3）每组人员至少两人，一人监护，一人登塔。登塔前需要外协施工单位作业人员及监护人（小组负责人）共同确认现场线路双重名称、色标，并通过拍照、微信等方式汇报运行单位及工作负责人确认后方可登塔作业。

（4）在同塔双回（多回、直流线路双极）线路中一回停电，其他回路带电杆塔上作业时，作业人员在横担处应与监护人（小组负责人）再次核对色标，并通过拍照等方式报运行单位以及工作负责人确认无误后方可进入作业区域。

5.2.5　机械伤害风险预防措施

（1）起重机作业位置的地基稳固，附近的障碍物清除。衬垫支腿枕木不得少于两根且长度不得小于1.2m。

（2）起重臂及吊件下方划定作业区，地面设安全监护人，吊件垂直下方不得出现人。

（3）吊件离开地面约10cm时暂停起吊并进行检查，确认正常且吊件上无搁置物及人员后方可继续起吊。

（4）仔细核对施工图纸的吊段参数，严格按照施工方案控制单吊重量，严禁超重起吊。

（5）运行时牵引机、张力机进出口前方不得出现人通过。各转向滑车围成的区域内侧禁止有人。

（6）作业人员应正确使用施工机具、安全工器具，严禁使用损坏、变形、有故障或未经检验合格的施工机具、安全工器具。

（7）特种车辆及特种设备应经具有专业资质的检测检验机构检测检验合格，取得安全使用证或安全标志后方可使用。特种车辆及特种设备操作人员应具备相应资质，同时纳入工作班组成员统一管理。

5.2.6　气体中毒风险预防措施

（1）严格执行空气置换，先检测再进入的原则。工作负责人严格召开班前会，详细告知作业人员当日作业范围环境，如何辨识密闭空间作业。进入有限空间作业应遵守相关安全规范，保证作业空间内空气置换时间，机械通风时间不低于 30min，严格执行先检测安全后，再进入空间进行作业的原则。

（2）严格执行密闭空间作业安全防护设备配置原则。为确保有限空间作业安全，应根据有限空间作业环境和作业内容，配置气体检测设备、呼吸防护用品以及其他个体防护用品和通风设备、照明设备、通信设备等应急救援设备，并加强设备设施管理和维护保养，并指定专人负责维护建立运维台账。

（3）严格应急预案执行及定期演练。工作负责人应熟悉密闭空间应急预案，根据作业空间的特点，辨识可能的安全风险，明确救援工作现场处置程序，确保密闭空间作业现场负责人、监护人员、作业人员以及应急人员掌握应急预案内容。

5.2.7　火灾风险预防措施

（1）可以采用不动火的方法替代而能够达到同样效果时，尽量采用替代的方法处理。必须采用动火时，尽可能地将动火时间和范围压缩到最低限度。

（2）在防火重点部位或场所以及禁止明火区动火作业，应落实动火安全组织措施和技术措施。动火安全组织措施应包括动火工作票、工作许可、监护、间断和终结等措施。动火安全技术措施可采取但不限于以下内容。

1）凡盛有或盛过易燃易爆等化学危险物品的容器、设备、管道等生产、储存装置，在动火作业前应将其与生产系统彻底隔离，并进行清洗置换，检测可燃气体、易燃液体的可燃蒸汽含量合格后，方可动火作业。

2）动火区域内有条件拆下的构件如油管、阀门等，应拆下来移至安全场所。

3）高空或地面动火作业，其下部地面如有可燃物、孔洞、窨井、地沟等，应进行检查分析并采取措施，防止火花溅落引起火灾或爆炸事故。

4）在电焊作业或其他有火花、熔融源等场所使用的安全带、安全绳应有隔热防磨套。电焊接地线应接在动火的设备或管道上，距动火点的距离不得大1m；接地线接头应用胶布包好，防止产生火花。

5）动火作业现场的通排风应保持良好，以保证泄露的气体能顺畅排走。

6）动火作业现场应配备足够适用的消防器材。

（3）下列情况禁止动火。

1）油船、油车停靠区域。

2）压力容器或管道未泄压前。

3）存放易燃易爆物品的容器未清理干净，未进行有效置换前。

4）作业现场附近堆有易燃易爆物品，未作彻底清理或者未采取有效安全措施前。

5）风力达五级以上（含五级）的露天动火作业。

6）附近有与明火作业相抵触的工种在作业，如喷漆作业。

7）遇有火险异常情况未查明原因和消除前。

8）带电设备未停电前。

9）按照国家和政府部门有关规定必须禁止动用明火的。

（4）在动火区内的动火作业应填写动火工作票；动火工作票应与施工作业票配合使用，一并执行。在非动火区的动火作业，应在施工作业票中明确动火工作内容、火灾危险源及其预控措施并执行。

（5）动火工作人员基本条件认定。

1）动火工作票签发人、工作负责人应参加本单位（施工承包单位）组织的动火作业培训，考试合格后，经本单位法定代表人批准并书面公布。工作票签发人应为施工项目经理或技术负责人，动火工作负责人应为施工班组长或工作负责人。

2）进行特种作业（焊接与热切割作业）的动火执行人应具备政府相关部门颁发的特种作业操作证。其他动火工作执行人应经施工单位自行组织培训并考评确认合格。

3）动火安全监护人应由施工项目部志愿消防员或专职安全员担任。

4）施工单位动火工作票签发人、工作负责人、动火执行人、动火安全监护人名单及其资格确认文件应在进场前报监理项目部备案。

5.3 输电线路带电作业现场典型风险预防措施

5.3.1 带电作业风险预防措施

（1）带电作业应在现场实测相对湿度不大于 80% 的良好天气下进行，如遇雷、雨、雪、雾不得进行带电作业；风力大于 5 级（10m/s）时不宜进行带电作业。

（2）杆塔上作业人员必须穿合格的全套屏蔽服，且各部分应连接好，屏蔽服任意两点之间电阻值均不得大于 20Ω。与带电体保持安全距离。

（3）使用专用绝缘检测仪对绝缘工具进行分段绝缘检测，阻值应不低于 700MΩ，操作绝缘工具时应戴清洁、干燥的手套。

（4）等电位作业人员对接地体的距离应不小于规定的最小安全距离。

（5）等电位作业人员在进入强电场时，与接地体和带电体两部分间隙组成的组合间隙不准小于规定的最小组合间隙。

（6）等电位作业人员沿耐张绝缘子串进入强电场之前应先使用绝缘子检测装置对绝缘子进行检测，并确保完好绝缘子数量高于安规要求。

（7）等电位作业人员在电位转移前，应得到工作负责人的许可，转移电位时，人体裸露部分与带电体的距离不应小于规定的最小距离。

（8）等电位作业人员与地电位作业人员传递工具和材料时，应使用绝缘工具或绝缘绳索进行，其有效长度不应小于规定的最小有效绝缘长度。

（9）进行中间电位作业前，要细致编制带电作业方案，校核验算组合间隙，作业过程中严格控制作业半径，确保作业过程组合间隙满足要求。

（10）为了防止操作工器具有效绝缘距离不足，绝缘强度不足，应当定期对绝缘工器具进行试验，科学规范保养。合理选用并正确使用绝缘工器具，保证有效绝缘距离。

5.3.2 直升机带电作业风险预防措施

（1）直升机带电作业应在现场实测相对湿度不大于 80%的良好天气下进行，如遇雷、雨、雾不得进行带电作业；风力大于 3 级（5m/s）时不宜进行带电作业。

（2）等电位作业人员必须穿合格的全套屏蔽服，且各部分应连接好，屏蔽服任意两点之间电阻值均不得大于 20Ω，并且与带电体保持安全距离。

（3）使用专用绝缘检测仪对绝缘工具进行分段绝缘检测，阻值应不低于700MΩ，操作绝缘工具时应戴清洁、干燥的手套。

（4）等电位作业人员对接地体的距离应不小于规定的最小安全距离。

（5）等电位作业人员在进入强电场时，与接地体和带电体两部分间隙组成的组合间隙不准小于规定的最小组合间隙。

（6）航务人员与等电位作业人员、工作负责人的通信使用空地 131 通话系统。

（7）作业前应检查直升机机腹载人吊钩释放性能，并通过规格、材质符合要求的强力封闭环与绳索连接，主钩连接绳索长度与副钩连接绳索长度比例应符合相关规定；同时吊挂重量要满足直升机允许吊量。

（8）直升机吊挂人员及吊篮离地时，应确认载人吊钩、绳索、人员之间等连接可靠。

（9）直升机降落时，地面作业人员利用接地线应对直升机及吊挂设备进行放电。

第6章　典型输电线路检修项目

本章主要介绍了输电线路典型检修项目，其中包含了架空输电线路检修项目以及输电电缆检修项目。随后本章节对每一类的检修项目都做了详细的危险点分析和预防措施说明。对一些重要的检修项目的施工作业都列举了相关典型案例来进行分析补充说明。

6.1 导、地线检修

6.1.1 危险点分析及控制措施

导、地线断股、损伤检修的一般方法有：① 修光棱角、毛刺；② 缠绕补强法；③ 预绞丝补修法；④ 补修管补修法；⑤切断重连。本部分主要介绍采用预绞丝补修导、地线的方法。

采用预绞丝停电修补导线危险点主要有高空坠落、物体打击、触电等。其控制措施有以下几点。

1．防止高空坠落措施

（1）检修前核对外包单位安全带标签、安全帽在合格期内。检修前核对外包单位安全带标签、安全帽在合格期内。作业前作业人员应认真检查安全带、安全帽等安全工器具是否良好，作业人员应确保能够正确使用安全带，作业人员在高空移位以及高空作业时都不得失去安全带（绳）保护。

（2）上杆塔作业前，应先检查杆根、拉线和基础是否牢固。登杆塔前，应先检查安全带、脚扣、脚钉、爬梯、防坠装置等是否完整牢靠。严禁利用绳索、拉线上下杆塔或顺杆下滑。

（3）使用有后备保护绳或速差自锁器的双控背带式安全带，当后备保护绳超过 3m 时，应配备缓冲器。安全带和后备保护绳应分别挂在杆塔不同部位的牢固构件或专为挂安全带用的钢丝绳上，同时应采取防止安全带从杆顶脱出或被锋利物损坏措施。安全绳应高挂低用，严禁低挂高用，后备保护绳不准对接使用。

（4）上下杆塔时必须手抓牢，脚踏稳。作业人员在上、下杆塔时要沿脚钉攀登，不得沿单根构件、绳索或拉线上爬或下滑。发现有脚钉短缺时，应在绑好安全带之后进行移位，手扶的构件应牢固，任何情况下都要做好防滑措施，特别是雨雪天气。多人上下同一杆塔时应逐个进行，且人员间隔不得小于 2m。

（5）沿绝缘子串进、出导线时，后备保护绳应通过速差控制器拴在横担主材上，个人安全带系在不影响移动的绝缘子串上，并随身移动，严禁人员沿绝缘子串站立行走。

（6）在相分裂导线上工作时，安全带（绳），应挂在同一根子导线上，后备保护绳宜挂在整组相导线上。导线走线时，过间隔棒不得失去安全保护。

（7）现场监护人员采用无人机或望远镜对作业人员的行为实施跟踪检查，对人员转移关键环节抽查拍照记录。远程人员利用布控球的方式进行远程抽查，一旦发现违章，迅速联系工作负责人或安全监护人对违章人员进行安全教育，同一单位发现相同类型违章两次，立即停工整改，并重新组织违章单位人员进行安全教育并参加安规考试。

（8）杆塔上有人时，不准调整或拆除拉线。

2．防止高空落物措施

（1）高处作业应一律使用工具袋。较大的工具应使用绳子拴在牢固的构件上。工件、边角余料应放置在牢靠的地方或用铁丝扣牢并采取防止坠落的措施，不准随便乱放，防止从高空掉落发生事故。

（2）作业时，上下传递物品使用绳索，不得乱扔，绳扣要绑牢，传递人员应离开吊件下方。

（3）作业点下方按坠落半径设置安全围栏，严禁非工作人员靠近、通过或逗留，人口密集区或行人道口也应设置围栏。

（4）现场人员必须佩戴安全帽，禁止非工作人员进出作业现场，劝离围观群众。

3．防止触电措施

放落导线时应注意导线下方是否跨有带电线路，防止被检修的导线触碰下方带电线路或安全距离不够，必要时申请停电后再进行作业。

6.1.2　安全注意事项

（1）采用预绞丝补修导线的方法，应在良好天气下进行，如遇雷、雨、雪、雾不得进行作业，风力大于 6 级时，一般不宜进行作业。

（2）放落和收紧导线时应设专人看护，时刻注意被跨越物，防止卡住导线，发生意外。

（3）所跨越的通信线及广播线禁止用手直接攀抓，采取措施以防压伤。

（4）放落或紧线时，要防止转向滑车脱出，应及时进行检查，牵引绳内角侧严禁站人。

（5）牵引钢丝绳在绞磨卷筒上的卷绕圈数不得少于 5 圈，绳尾受力，并由专人看管。

（6）紧线时，如遇导线有卡、挂现象，应松线后处理。处理时操作人员应站在卡线处外侧，采用工具、大绳等撬、拉导线。严禁用手直接拉、推导线。

（7）拆除杆上导线时，应先检查杆根，做好防止倒杆措施，在挖坑前应先绑好拉绳。

6.2　杆塔检修

6.2.1　危险点分析及控制措施

输电线路杆塔长期运行在野外，受大气环境及地形、地貌的变迁影响，杆塔会出现各种各样的缺陷。混凝土杆最常见的缺陷有流白浆、裂纹、连接抱箍锈蚀、混凝土剥落、钢筋外露、杆身弯曲和倾斜；杆塔最常见的缺陷有塔材锈蚀、连接螺钉松动、塔脚混凝土保护帽开裂、塔材弯（扭）曲、塔身倾斜以及塔脚支链锈裂。根据杆塔缺陷性质可采取调整杆塔、高空更换杆段、电杆加高等检修方法。

下面以几种典型杆塔修理案例来分析该类检修项目中存在的危险点以及相应的控制措施。

6.2.1.1　高空更换门型双杆上段案例

高空更换门型双杆上段危险点有高空坠落、物体打击、倒杆和碰伤等，其控制措施有以下几方面。

1．防止高空坠落措施

（1）上杆塔作业前，应先检查杆根、拉线和基础是否牢固。登杆塔前，应先检查安全带、脚扣、脚钉、爬梯、防坠装置等是否完整牢靠。严禁利用绳索、拉线上下杆塔或顺杆下滑。

（2）上横担进行工作前，应检查横担连接是否牢固和腐蚀情况。在杆塔上作业时，应使用有后备绳或速差自锁器的双控背带式安全带。安全带和后备保护绳应分别挂在杆塔不同部位的牢固构件或专为挂安全带用的钢丝绳上，同时应采取防止安全带从杆顶脱出或被锋利物损坏措施。安全绳应高挂低用，严禁低挂高用，后备保护绳不准对接使用。

2．防止物体打击措施

（1）现场工作人员必须正确佩戴好安全帽。

（2）高处作业应一律使用工具袋。较大的工具应使用绳子拴在牢固的构件上。工件、边角余料应放置在牢靠的地方或用铁丝扣牢并采取防止坠落的措施，不准随便乱放，防止从高空掉落发生事故。

（3）在高处作业现场，工作人员不得站在作业处的垂直下方，高空落物区不得出现无关人员通行或逗留。在行人道口或人口密集区从事高处作业，工作点下方应设围栏或其他保护措施。

（4）除指挥人员外，其他人员应在离开杆塔高度的 1.2 倍距离以外，行人不得进入工作现场。

3．防止倒杆措施

（1）要设专人指挥，信号明确。

（2）临时拉线上、下连接点，应牢固可靠，固定电杆的临时拉线要派专人看守，以防拉线松脱。

（3）当临时拉线完全受力后，检查无问题方可拆除旧拉线。

（4）当永久拉线完全受力后，检查无问题方可拆除临时拉线。

（5）杆塔上有人时，不准调整或拆除拉线。

（6）利用抱杆提升电杆时，起吊工具、抱杆的强度和刚度必须满足起吊重量的要求，抱杆底部必须采取可靠的防滑措施。

（7）抱杆底部应固定牢固，抱杆顶部应设临时拉线控制，临时拉线应均匀调节并由有经验的人员控制。抱杆应受力均匀，两侧拉绳应控制好，不得左右倾斜。

（8）抱杆提升过程中应缓慢车引，提升完成后，应检查抱杆及各部受力情况良好后才能提升电杆。

4．防止碰伤措施

（1）在拆除电杆或提升电杆时，应控制好方向控制绳，以免电杆碰伤作业人员。

（2）在提升、放落上节电杆过程中，严禁登杆作业。

6.2.1.2　混凝土杆加高案例

混凝土杆加高危险点有高空坠落、物体打击、倒杆和碰伤等，其控制措施有以下几方面：

1．防止高空坠落措施

（1）上杆塔作业前，应先检查杆根、拉线和基础是否牢固。登杆塔前，应先检查安全带、脚扣、脚钉、爬梯、防坠装置等是否完整牢靠。严禁利用绳索、拉线上下杆塔或顺杆下滑。

（2）上横担进行工作前，应检查横担连接是否牢固和腐蚀情况。在杆塔上作业时，应使用有后备绳或速差自锁器的双控背带式安全带。安全带和后备保护绳应分别挂在杆塔不同部位的牢固构件或专为挂安全带用的钢丝绳上，同时应采取防止安全带从杆顶脱出或被锋利物损坏措施。安全绳应高挂低用，严禁低挂高用，后备保护绳不准对接使用。

2．防止物体打击措施

（1）现场工作人员必须正确佩戴好安全帽。

（2）高空作业应使用工具袋，较大的工器具应固定在牢固的构件上，不准随便乱放。上下传递物件应用绳索拴牢传递，严禁上下抛掷。

（3）在高处作业现场，工作人员不得站在作业处的垂直下方，高空落物区不得出现无关人员通行或逗留。在行人道口或人口密集区从事高处作业，工作点下方应设围栏或其他保护措施。

（4）除指挥人员外，其他人员应在离开杆塔高度的 1.2 倍距离以外，行人不得进入工作现场。

3．防止倒杆措施

（1）要设专人指挥，信号明确。

（2）临时拉线上、下连接点，应牢固可靠，固定电杆的临时拉线要派专人看守，以防拉线松脱。

（3）当临时拉线完全受力后，检查无问题方可拆除旧拉线。

（4）当永久拉线完全受力后，检查无问题方可拆除临时拉线。

（5）杆塔上有人时，不准调整或拆除拉线。

（6）利用抱杆提升角钢框架式杆段时，起吊工具、抱杆的强度和刚度必须满足起吊重量的要求，抱杆底部必须采取可靠的防滑措施。

（7）抱杆底部应固定牢固，抱杆顶部应设临时拉线控制，临时拉线应均匀调节并由有经验的人员控制。抱杆应受力均匀，两侧拉绳应控制好，不得左右倾斜。

（8）抱杆提升过程中应缓慢牵引，提升完成后，应检查抱杆及各部受力情况良好后才能提升。

4．防止碰伤措施

（1）在提升角钢框架式杆段时，应控制好方向控制绳，以免角钢框架式杆段碰伤作业人员。

（2）在提升角钢框架式杆段过程中，严禁登杆作业。

6.2.1.3 转角杆塔倾斜调整案例

转角杆塔倾斜调整危险点有高空坠落、物体打击、倒杆塔等，其控制措施有以下几个方面。

1. 防止高空坠落措施

（1）上杆塔作业前，应先检查基础是否牢固。登杆塔能，应先检查安全带、脚钉、爬梯、防坠装置等是否完整牢靠。

（2）上横担进行工作前，应检查横担连接是否牢固和腐蚀情况。在杆塔上作业时，应使用有后备绳或速差自锁器的双控背带式安全带，安全带和后备保护绳应分别挂在杆塔不同部位的牢固构件或专为挂安全带用的钢丝绳上，同时应采取防止安全带从杆顶脱出或被锋利物损坏措施。安全绳应高挂低用，严禁低挂高用，后备保护绳不准对接使用。

2. 防止物体打击措施

（1）现场工作人员必须正确佩戴好安全帽。

（2）高空作业应使用工具袋，较大的工器具应固定在牢固的构件上，不准随便乱放。上下传递物件应用绳索拴牢传递，严禁上下抛掷。

（3）在高处作业现场，工作人员不得站在作业处的垂直下方，高空落物区不得出现无关人员通行或逗留。在行人道口或人口密集区从事高处作业，工作点下方应设围栏或其他保护措施。

3. 防止倒杆措施

（1）要设专人指挥，信号明确。

（2）临时拉线上、下连接点，应牢固可靠，固定电杆的临时拉线要派专人看守，以防拉线松脱。

（3）当临时拉线完全受力后，检查无问题方可拆除旧拉线。

（4）当永久拉线完全受力后，检查无问题方可拆除临时拉线。

（5）杆塔上有人时，不准调整或拆除拉线。

（6）利用抱杆提升电杆时，起吊工具、抱杆的强度和刚度必须满足起吊重量的要求，抱杆底部必须采取可靠的防滑措施。

（7）抱杆底部应固定牢固，抱杆顶部应设临时拉线控制，临时拉线应均匀调节并由有经验的人员控制。抱杆应受力均匀，两侧拉绳应控制好，不得左右倾斜。

（8）抱杆提升过程中应缓慢车引，提升完成后，应检查抱杆及各部受力情况良好后才能提升电杆。

6.2.2　安全注意事项

6.2.2.1　高空更换门型双杆上段案例

对于高空更换门型双杆上段案例，有以下安全注意事项。

（1）所更换的电杆上节配筋及强度必须达到或高于原设计要求，且不得出现纵、横向裂缝。

（2）杆上焊接时，焊缝应有一定的加强面，一个焊接口应连续焊接好，焊缝应呈平滑的鱼鳞状。

（3）电杆钢圈焊接头表面铁锈应清除干净，焊接完后应除净焊渣及氧化层，然后涂刷防锈漆。

（4）电杆更换好后其倾斜度小于 3‰。

（5）放落和提升电杆时，要防止牵引绳从转向滑车脱出，应安排专人检查，牵引绳内角侧禁止站人。

（6）牵引钢丝绳在绞磨卷筒上的卷绕圈数不得少于 5 圈，绳尾受力，并设专人看管。

（7）放落和提升电杆要使用合格的起重设备，严禁过载使用。

（8）升降抱杆必须有统一指挥，保证信号畅通，四侧临时拉线应由经验丰富的作业人员操作并均匀放出。

（9）抱杆垂直下方不得出现人，杆上人员应站在杆身内侧的安全位置上。

（10）起吊和就位过程中，吊件外侧应设控制绳。

（11）在起吊、牵引过程中，受力钢丝绳的周围、上下方、转向滑车内角侧和起吊物的下面，禁止有人逗留或通过。

（12）牵引时，不准利用树木或外露岩石作受力桩。一个锚桩上的临时拉线不应超过两根，临时拉线不得固定在有可能移动或其他不可靠的物体上。临时拉线绑扎工作应由有经验的人员担任。

（13）杆塔上下无法避免垂直交叉作业时，应做好防落物伤人的措施，作业时要相互照应，密切配合。

（14）杆塔施工中不宜用临时拉线过夜；需要过夜时，应对临时拉线采取加固措施。

6.2.2.2　混凝土杆加高案例

对于混凝土杆加高案例，有以下安全注意事项。

（1）检修杆塔不准随意拆除受力构件，如需要拆除时，应事先做好补强措施。调整杆塔倾斜、弯曲、拉线受力不均或迈步、转向时，应根据需要设置临时拉线及其调整范围，并应有专人统一指挥。

（2）高处作业人员在作业过程中，应随时检查安全带是否拴牢。高处作业人员在转移作业位置时不准失去安全保护。

（3）在进行高处作业时，除有关人员外，不准他人在工作地点的下面通行或逗留，工作地点下面应有围栏或装设其他保护装置，防止落物伤人。

（4）起吊物件应捆扎牢固，若物件有棱角或特别光滑的部位时，在棱角和滑面与绳索（吊带）接触处应加以包垫。起吊电杆等长物件应选择合理的吊点，并采取防止突然倾倒的措施。

6.2.2.3　转角杆塔倾斜调整案例

对于转角杆塔倾斜调整案例，有以下安全注意事项。

（1）杆塔调整后，其顶端不应超过铅垂线而偏向受力侧，并符合设计规定。

（2）塔脚板与基础面之间的空隙应浇灌混凝土砂浆，保护帽的混凝土应与塔脚板上部铁板结合紧密，且不得出现裂缝。

（3）牵引时，不准利用树木或外露岩石作受力桩。一个锚桩上的临时拉线不准超过两根，临时拉线不得固定在有可能移动或其他不可靠的物体上。临时拉线绑扎工作应由有经验的人员担任。

（4）杆塔上下无法避免垂直交叉作业时，应做好防落物伤人的措施，作业时要相互照应，密切配合。

6.3 绝缘子更换

6.3.1 危险点分析及控制措施

输电线路经过一段时间运行后，绝缘子和金具因种种原因会造成各种缺陷，为确保输电线路的健康水平必须安排检修消缺。但因线路绝缘子串和金具有不同的型号和组合形式，各地有各自的检修习惯，检修作业方法有很多方式方法，因此检修作业方法没有固定的模式。本模块在这里主要介绍停电更换双回路220kV 及以下直线塔整串绝缘子以供参考。

下面以停电更换双回路 220kV 及以下直线塔整串绝缘子案例，来分析作业中存在的危险点以及相对应的控制措施和安全注意事项。

6.3.1.1 停电更换双回路 220kV 及以下直线塔整串绝缘子

停电更换直线塔整串绝缘子危险点有高空坠落、触电、物体打击及工器具失灵，导线脱落，绝缘子串脱落，挂线二连板挤压伤人、现场作业安全监护等，其控制措施有以下几方面。

1. 防止高空坠落措施

（1）上杆塔作业前，应先检查杆塔基础是否牢固。登杆塔前，应先检查安全带、脚钉、爬梯、防坠装置等是否完整牢靠。严禁利用绳索下滑。

（2）上横担进行工作前，应检查横担连接是否牢固和腐蚀情况。在杆塔上作业时，应使用有后备绳或速差自锁器的双控背带式安全带，安全带和后备保护绳应分别挂在杆塔不同部位的牢固构件或专为挂安全带用的钢丝绳上，同时应采取防止安全带从杆顶脱出或被锋利物损坏措施。安全绳应高挂低用，严禁低挂高用，后备保护绳不准对接使用。

2. 防止触电措施

在同塔架设双回路作业时，防止触电措施如下。

（1）导地线下方跨越带电线路时，应注意导地线弧垂情况，防止被检修的导地线触碰下方带电线路，必须设专人监护。

（2）在同杆塔架设多回线路时，部分线路停电作业检修，工作人员对带电导线最小安全距离不得小于 4m。

（3）绑扎线要在下面绕成小盘再带上杆塔使用。

（4）个人保安线应装设牢固，防止脱落。

3．防止物体打击措施

（1）现场工作人员必须正确佩戴好安全帽。

（2）高空作业应使用工具袋，较大的工器具应固定在牢固的构件上，不准随便乱放。上下传递物件应用绳索拴牢传递，严禁上下抛掷。

（3）在高处作业现场，工作人员不得站在作业处的垂直下方，高空落物区不得出现无关人员通行或逗留。在行人道口或人口密集区从事高处作业，工作点下方应设围栏或其他保护措施。

4．防止工器具失灵、导线脱落、绝缘子脱落、挂线二连板挤伤人等措施

（1）所有工器具要定期检查，使用前必须专人检查，保证合格、配套、灵活好用；作业时要连接牢固可靠并打好保护套。

（2）在交叉跨越的各种线路、公路、铁路作业时，必须采取防止导线掉落的保护措施，并应有足够的强度，对被跨越的电力线，必要时申请停电后再进行作业。

（3）为防止绝缘子串收紧松弛后，弹簧销子脱落或金具连接不牢发生突然脱落伤人事故，首先要认真检查连接情况是否牢固，无问题后方可紧线。

（4）认真检查绝缘子连接情况是否牢固，防止绝缘子串突然脱落或翻滚，连板变位挤伤人。

（5）绝子串收紧前，检查工器具连接情况是否牢固可靠。

5．现场作业安全监护

自作业开始至作业结束，安全监护人必须始终在作业现场对作业人员进行不间断的安全监护。

6.3.1.2　停电更换双回路 220kV 及以下耐张塔整串绝缘子

停电更换直线塔整串绝缘子危险点有高空坠落、触电、物体打击及工器具失灵，现场作业安全监护等，其控制措施有以下几方面。

1．防止高空坠落措施

（1）上杆塔作业前，应先检查杆塔基础是否牢固。登杆塔前，应先检查安全带、脚钉、爬梯、防坠装置等是否完整牢靠。严禁利用绳索下滑。

（2）上横担进行工作前，应检查横担连接是否牢固和腐蚀情况。在杆塔上作业时，应使用有后备绳或速差自锁器的双控背带式安全带，安全带和后备保护绳应分别挂在杆塔不同部位的牢固构件或专为挂安全带用的钢丝绳上，同时应采取防止安全带从杆顶脱出或被锋利物损坏措施。安全绳应高挂低用，严禁低挂高用，后备保护绳不准对接使用。

（3）人员在转位时，不得失去后备保护绳的保护。

（4）杆塔上有人时，不得调整或拆除拉线。

2．防止物体打击措施

（1）现场工作人员必须正确佩戴好安全帽。

（2）高空作业应使用工具袋，较大的工器具应固定在牢固的构件上，不准随便乱放。上下传递物件应用绳索拴牢传递，严禁上下抛掷。

（3）在高处作业现场，工作人员不得站在作业处的垂直下方，高空落物区不得出现无关人员通行或逗留。在行人道口或人口密集区从事高处作业，工作点下方应设围栏或其他保护措施。

3．防触电及感应电措施

（1）导地线下方跨越带电线路时，应注意导地线下沉情况，防止被检修的导地线触碰下方带电线路，必须设专人监护。

（2）在同杆塔架设多回线路时，部分线路停电作业检修，工作人员对带电导线最小安全距离不得小于 4m。

（3）绑扎线要在下面绕成小盘再带上杆塔使用。

（4）个人保安线应装设牢固，防止脱落。

4．防止工器具失灵、导线脱落、绝缘子脱落、挂线二连板挤伤人等措施

（1）所有工器具要定期检查，使用前必须专人检查，保证合格、配套、灵活好用；作业时要连接牢固可靠并打好保护套。

（2）在交叉跨越的各种线路、公路、铁路作业时，必须采取防止导线掉落的保护措施，并应有足够的强度，对被跨越的电力线，必要时申请停电后再进行作业。

（3）为防止绝缘子串收紧松弛后，弹簧销子脱落或金具连接不牢发生突然脱落伤人事故，首先要认真检查连接情况是否牢固，无问题后方可紧线。

（4）认真检查绝缘子连接情况是否牢固，防止绝缘子串突然脱落或翻滚，连板变位挤伤人。

5．现场作业安全监护

自作业开始至作业结束，安全监护人必须始终在作业现场对作业人员进行不间断的安全监护。

6.3.2　安全注意事项

对于停电更换绝缘子，有以下安全注意事项。

（1）新更换的绝缘子爬距应能满足该地区污秽等级要求。

（2）严禁使用线材（铁丝）代替锁紧销。

（3）单、双悬垂串上的锁紧销均按线路方向穿入。使用 W 锁紧销时，绝缘子大口均朝线路后方；使用 R 锁紧销时，大口均朝线路前方。

（4）耐张绝缘子串上的螺栓、穿钉、锁紧销均由上向下穿；当使用 W 锁紧销时，绝缘子大口均应向上；当使用 R 锁紧销时，绝缘子大口均应向下，特殊情况可由内向外，由左向右穿入。

（5）上下绝缘子串时，手脚要稳，并打好后备保护绳。

（6）新旧绝缘子串上下时，要使用绝缘子方向控制绳，防止绝缘子串碰撞横担及其他部件。

（7）承力工器具严禁以小代大，并应在有效的检验期内。

（8）在脱离绝缘子串和导线连接前，应仔细检查承力工具各部连接，确保

安全无误后方可进行。

（9）在相分裂导线上工作时，安全带、绳应挂在同一根子导线上，后备保护绳应挂在整组相导线上。

6.4 防鸟刺安装

6.4.1 危险点分析及控制措施

输电线路架设在野外，常年受大自然的侵袭和人类活动的影响，绝大多数电网故障都发生在输电线路上，鸟害事故逐年上升，目前已处在线路故障的第二、第三位，因此做好防鸟害措施是输电线路运行单位的重要工作之一。如今，通常是在线路绝缘子上方的横担部位安装防鸟装置。只要安装位置恰当、覆盖范围有效，就能够取得良好的防鸟害效果。

在线路不停电的情况下安装防鸟刺的危险点有高空坠落、触电、物体打击、现场作业安全监护等，其控制措施有以下几个方面。

1．防止高空坠落措施

（1）上杆塔作业前，应先检查杆塔基础是否牢固。登杆塔前，应先检查安全带、脚钉、爬梯、防坠装置等是否完整牢靠。严禁利用绳索下滑。

（2）上横担进行工作前，应检查横担连接是否牢固和腐蚀情况。在杆塔上作业时，应使用有后备绳或速差自锁器的双控背带式安全带，安全带和保护绳应分别挂在杆塔不同部位的牢固构件上，应防止安全带从杆顶脱出或被锋利物损坏。人员在转位时，手扶的构件应牢固，且不得失去后备保护绳的保护。

2．防止触电措施

在同塔架设双回路作业时，防止触电措施。

（1）导地线下方跨越带电线路时，应注意导地线下沉情况，防止被检修的导地线触碰下方带电线路，必须设专人监护。

（2）在同杆塔架设多回线路时，部分线路停电作业检修，工作人员对带电导线最小安全距离不得小于 4m。

（3）绑扎线要在下面绕成小盘再带上杆塔使用。

（4）个人保安线应装设牢固，防止脱落。

3．防止物体打击措施

（1）现场工作人员必须正确佩戴好安全帽。

（2）高空作业应使用工具袋，较大的工器具应固定在牢固的构件上，不准随便乱放。上下传递物件应用绳索拴牢传递，严禁上下抛掷。

（3）在高处作业现场，工作人员不得站在作业处的垂直下方，高空落物区不得出现无关人员通行或逗留。在行人道口或人口密集区从事高处作业，工作点下方应设围栏或其他保护措施。

4．现场作业安全监护

自作业开始至作业结束，安全监护人必须始终在作业现场对作业人员进行不间断的安全监护。

6.4.2　安全注意事项

（1）高处作业人员在作业过程中，应随时检查安全带是否拴牢。高处作业人员在转移作业位置时不准失去安全保护。

（2）在进行高处作业时，除有关人员外，不准他人在工作地点的下面通行或逗留，工作地点下面应有围栏或装设其他保护装置，防止落物伤人。

（3）安装线路防鸟刺作业应办理线路第二种工作票。工作负责人应由有经验的人员担任，开始作业前，工作负责人应告知全体工作人员安装防鸟刺作业的安全注意事项。

6.5　防振锤更换

6.5.1　危险点分析及控制措施

防振锤更换危险点及相应控制措施见表 6-1。

表 6-1　　　　　　　　　　防振锤更换危险点及相应控制措施

序号	工作内容	危险点	控 制 措 施
1	驾驶车辆	交通事故	驾驶员及工作人员遵守交通规则和局交通安全有关规定

序号	工作内容	危险点	控　制　措　施
2	登杆塔作业	误登带电线路	（1）停电许可工作后，核对线路名称、塔号无误后方可登塔。 （2）核对线路名称、塔号必须由两人核实。 （3）工作前宣读工作票，交代安全注意事项
		被毒虫蜇伤	登塔前必须观察塔上是否有马蜂窝，有马蜂窝则须采取安全措施后方可工作
3	更换防振锤	高空坠落	（1）高空作业人员必须戴安全帽和系安全带，登塔前必须清除鞋底淤泥。 （2）人员上、下塔过程中，应检查脚钉等是否牢固，且按正确方法攀登。 （3）束好衣服和安全带等工具器，防止被脚钉和角钢钩住。 （4）中途休息时必须系好安全带，作业过程和转位时，都不得失去安全带的保护。 （5）6 级以上强风或暴雨大雾等恶劣天气时，应停止登塔作业。 （6）监护人认真监护作业全过程，及时纠正不安全因素
		人身触电伤害	（1）得到调度停电许可工作后，工作人员必须核好线路名称和塔号无误后方能登塔作业。 （2）在工作地段两端导线、地线必须验电，并挂接地线。 （3）挂拆接地线时，应戴绝缘手套操作。 （4）挂接地线时，应先接接地端，后接导线端；拆除接地线时程序相反。 （5）穿过架空地线必须与地线保持 0.4m 的距离。 （6）作业地点如有感应电反映在线路上，应在作业地点加挂临时保安接地线。 （7）天空有雷云时严禁登塔作业
4	地面作业	高空坠物砸伤	（1）现场人员应戴安全帽。 （2）塔上人员应防止掉东西，使用的工具、材料应用绳索传递，不得乱扔。 （3）地面人员不得在作业下方逗留。 （4）传递工器具或材料时，在工器具或材料离地面 1m 时要做一次冲击试验，并检查传递滑轮及绑扎等连接部位的受力情况，未发现异常后继续传递

6.5.2 安全注意事项

（1）停电更换导线防振锤作业应办理线路第一种工作票。工作负责人应由有经验的人员担任，开始作业前，工作负责人应对全体工作人员布置更换防振锤施工安全注意事项。

（2）进入施工现场应戴安全帽，高空作业人员应正确使用合格的双保险安全带。工作结束后，工作负责人应亲自或安排专人检查设备和清理现场。

6.6　接地装置检修

6.6.1　危险点分析和控制措施

接地装置检修危险点主要有火灾、烫伤、碰伤等。其控制措施有以下几点。

1．控制火灾措施

（1）作业前按照实际工作需求，办理对应动火工作票。

（2）禁止在存放有易燃易爆物品的房间内焊接。在易燃易爆材料附近焊接时，其最小水平距离不得小于 5m，并根据现场实际情况采取可靠安全措施。

（3）在风力大于 5 级时，禁止露天焊接或气割。但在风力 3～5 级时进行露天焊接或气割时，必须搭设挡风屏以防止火星飞溅引起火灾。

（4）在有可能引起火灾的场所附近进行焊接工作时，必须有必要的消防器材。焊接人离开现场前必须进行检查，现场应无火种留下。

（5）严禁使用不合格的气焊工具，现场运输氧气瓶时应套橡皮圈，以防滚动和暴晒。应将瓶颈上的保险帽和气门侧面连接头的螺帽盖盖好，严禁氧气和乙炔瓶一起运送或储存，押运人员应坐在驾驶室内。工作中防止乙炔回火，防止引燃草木。

2．控制烫伤措施

（1）焊接工应穿帆布工作服，戴工作帽，上衣不准扎在裤里，口袋须有遮盖，脚面应有鞋罩。焊接时戴防护皮手套，以免烧伤。焊接时应戴护目眼镜。

（2）进行焊接工作时，必须设有防止金属熔渣飞溅、掉落的措施，以防烫伤。

3．控制碰伤措施

（1）现场埋设接地体时，要防止弹伤眼睛。

（2）挖接地槽时，注意尖镐刨伤手脚或磕伤手。

（3）敷设接地线时，应观察周围情况，不得随意抛掷，防止发生意外。

（4）开挖接地体时，开挖人正前方禁止站人，多人开挖时，要保持一定距离。

6.6.2　安全注意事项

（1）作业人员工作时要戴好绝缘手套。

（2）垂直接地体应垂直打入，并防止晃动。

（3）接地引下线与杆塔的连接应接触良好。如引下线直接从架空地线引下时，引下线应紧靠杆身，每隔 3m 左右与杆身固定一次。

（4）改造后所测量的接地电阻值应满足考虑季节系数换算后的要求。

（5）接地绝缘电阻表放置平稳，摇动摇柄速度为 120r/min。

（6）接地体应尽可能采用热镀锌钢材。

（7）焊接处必须做好防腐措施。

（8）遥测接地电阻时电流接地探针和电压接地探针应插在与线路垂直的方向。

6.7　在线监测装置安装

6.7.1　危险点分析及控制措施

在线监测装置安装危险点及相应控制措施见表 6-2。

表 6-2　　　　　　　　在线监测装置安装危险点以及相应控制措施

序号	工作内容	危险点	控　制　措　施
1	驾驶车辆	交通事故	驾驶员及工作人员遵守交通规则和局交通安全有关规定
2	登杆塔作业	误登带电线路	（1）停电许可工作后，核对线路名称、塔号无误后方可登塔。 （2）核对线路名称、塔号必须由两人核实。 （3）工作前宣读工作票，交代安全注意事项
		被毒虫蜇伤	登塔前必须观察塔上是否有马蜂窝，有马蜂窝则须采取安全措施后方可工作
3	安装在线监测装置	高空坠落	（1）高空作业人员必须戴安全帽和系安全带，登塔前必须清除鞋底淤泥。 （2）人员上、下塔过程中，应检查脚钉等是否牢固，且按正确方法攀登。 （3）束好衣服和安全带等工具器，防止被脚钉和角钢钩住。

序号	工作内容	危险点	控 制 措 施
3	安装在线监测装置	高空坠落	（4）中途休息时必须系好安全带，作业过程和转位时，都不得失去安全带的保护。 （5）6 级以上强风或暴雨大雾等恶劣天气时，应停止登塔作业。 （6）监护人认真监护作业全过程，及时纠正不安全因素
		人身触电伤害	（1）得到调度停电许可工作后，工作人员必须核好线路名称和塔号无误后方能登塔作业。 （2）在工作地段两端导线、地线必须验电，并挂接地线。 （3）挂拆接地线时，应戴绝缘手套操作。 （4）挂接地线时，应先接接地端，后接导线端；拆除接地线时程序相反。 （5）穿过架空地线必须与地线保持 0.4m 的距离。 （6）作业地点如有感应电反映在线路上，应在作业地点加挂临时保安接地线。 （7）天空有雷云时严禁登塔作业
4	地面作业	高空坠物砸伤	（1）现场人员应戴安全帽。 （2）塔上人员应防止掉东西，使用的工具、材料应用绳索传递，不得乱扔。 （3）地面人员不得在作业下方逗留。 （4）传递工器具或材料时，在工器具或材料离地面1m 时要做一次冲击试验，并检查传递滑轮及绑扎等连接部位的受力情况，未发现异常后继续传递

6.7.2　安全注意事项

（1）工作负责人应由有经验的人员担任，开始作业前，工作负责人应告知全体工作人员在线监测装置施工安全注意事项。

（2）进入施工现场应戴安全帽，高空作业人员应正确使用合格的双保险安全带（绳）。工作结束后，工作负责人应亲自或安排专人检查设备和清理现场。

（3）工作人员一般不少于 4 人，工作负责人应具有资质的人员担任。熟悉GB 26859—2011《电力安全工作规程　线路部分》，并经考试合格；掌握 110～500kV 停电安装在线监测装置技能，并熟悉本作业指导书。

（4）作业人员应精神状态良好，无妨碍工作病症；穿着合格劳动保护服装，个人安全用具齐全。

（5）停电作业前办好线路第一种工作票、临时接地线使用登记管理表、执行工作票保证书及危险点分析控制卡。如分组作业应填写分组作业派工单。本作业指导书待安装在线监测装置相关资料，包括所在杆塔高度、在线监测装置型号及安装距离。

6.8 输电电缆检修

输电电缆检修包含了电缆终端和接头的制作、高频局部放电检测、避雷器试验、外护层修复、主绝缘故障测寻等。具体检修现场存在的危险点以及相应控制措施和安全注意事项有以下几方面。

6.8.1 电缆终端制作

1．安全措施和注意事项

（1）高处作业时应穿正确佩戴安全带、安全帽及个人防护用品。

（2）吊装套管等重物前，应检查吊装设备和绑扎情况，稍一离地，再次检查绑扎点，无异常方可继续起吊。

（3）对于长套管竖立，吊点不少于 2 处。

（4）在线路上进行安装时，应有防感应电触电安全措施。

（5）使用电气设备时，应防止人员触电。

（6）终端安装棚金属结构应可靠接地。

（7）搬运大件物件时，应防止人员挤压伤。

（8）使用刀具，电动锯时做好防护措施，防止人员意外受伤。

（9）安装现场应做好防火措施，配备必要的消防设备，煤气喷枪在使用时，火源附近不得出现易燃物，并与气瓶保持 5m 以上距离。喷枪使用时不得朝有人的方向，煤气喷枪应连接可靠，管子无漏气。

（10）检查液压设备连接装置是否正常，油缸有无损伤，液压管是否有起包。

2．其他安全注意事项

（1）安装现场应控制好温度、湿度，温度宜控制在 0～35℃，相对湿度宜为 70%及以下或以供应商提供的准备为准。搭设工作棚、采用集装箱等措施与外界隔离，防止尘埃，杂物落入绝缘内，严禁在雾或雨中施工。

（2）电缆弯曲度较大时，应提前使用电缆校直机对电缆进行校直。

（3）交流单芯电缆的固定夹具应采用非铁磁材料。

（4）电缆终端法兰盘下应有不小于 1m 的垂直段，且刚性固定应不少于 2 处。

（5）铝护套表面搪底铅，接地线焊接时，应控制好温度和时间，避免损伤电缆外屏蔽及绝缘。

（6）终端接地连接线应尽量短，长度应在 5m 以内，连接线截面应满足系统单相接地电流通过时的热稳定要求，连接线的绝缘水平不得小于电缆外护层的绝缘水平。

6.8.2　电缆接头制作

1．安全措施和注意事项

（1）中间接头安装时，安装人员安装时应穿戴安全带、安全帽。

（2）安装人员应正确佩戴个人防护用品，做好个人防护措施。

（3）搬运大件物件时，应防止人员挤压伤。

（4）使用刀具，电动锯时做好防护措施，防止人员意外受伤。

（5）安装现场应做好防火措施，配备必要的消防设备，煤气喷枪在使用时，火源附近不得出现易燃物，并与气瓶保持 5m 以上距离。喷枪使用时不得朝有人的方向，煤气喷枪应连接可靠，管子无漏气。

（6）检查液压设备连接装置是否正常，油缸有无损伤，液压管是否有起包。

（7）在线路上进行安装时，应有防感应电触电安全措施。

（8）使用电气设备时，应防止人员触电。

（9）终端安装棚金属结构应可靠接地。

2．其他安全注意事项

（1）安装现场应控制好温度、湿度，温度宜控制在 0～35℃，相对湿度宜为 70%及以下或以供应商提供的准备为准。搭设工作棚、采用集装箱等措施与外界隔离，防止尘埃，杂物落入绝缘内，严禁在雾或雨中施工。

（2）电缆弯曲度较大时，应提前采用电缆校直机对电缆进行校直。

（3）交流单芯电缆的固定夹具应采用非铁磁材料。

（4）铝护套表面搪底铅，接地线焊接时，应控制好温度和时间，避免损伤电缆外屏蔽及绝缘。

（5）封铅应与电缆金属套和电缆附件的金属套管紧密连接，致密性应良好，不应有杂质和气泡。

（6）中间接头的接地连接线应尽量短，长度应在 5m 以内，连接线截面应满足系统单相接地电流通过时的热稳定要求，连接线的绝缘水平不得小于电缆外护层的绝缘水平。

（7）电缆接头两侧及相邻电缆 2～3m 的区段应采取涂刷防火涂料、绕包防火包带等措施。

（8）接头井内的电缆，其接头的位置宜相互错开。

6.8.3 电缆高频局部放电试验

1．安全措施和注意事项

（1）气象条件。高压电缆线路高频局部放电检测在户外（包括终端、换位箱、接地箱）的工作应在良好天气下开展，若遇雷电、雪、雹、雨、雾等不良天气应暂停检测工作，局部放电检测过程中若遇天气突然变化，有可能危及人身及设备安全时，应立即停止工作，撤离人员，恢复设备正常状况，或采取临时安全措施。

（2）作业环境。如在车辆繁忙地段应与交通管理部门联系以取得配合。

（3）安全距离。

1）应确保操作人员及测试仪器与电力设备的高压部分保持足够的安全距离。

2）注意周边带电设备并保持安全距离，戴好绝缘手套及铺设橡胶绝缘垫，防止误碰带电设备。

3）应与带电线路、同回路线路带电裸露部分保持足够的安全距离。

（4）关键点。

1）正确打开换位箱，使用钳形电流表，进行换位箱感应电流检测，确认感应电流在工作允许范围内，确保作业安全。

2）接线时确保 TA 的链接方向一致。

3）试验工作现场应设好试验遮栏，悬挂好标识牌，应有专人监护。

4）换位箱内试验需要注意试验引线与箱门、换位排、接地线等保持足够的安全距离。

2．其他安全注意事项

（1）站内检测时，应熟悉站内设备情况，正确佩戴安全帽；确保照明充足，预留安全通道并装设安全护栏。

（2）换位箱内局放检测应先检测护层感应电流、电压，超出安全值时应停止试验工作。

（3）应避开设备防爆口或压力释放口。

（4）测试过程中，电力设备的金属外壳应接地良好。

6.8.4 电缆避雷器试验

1．安全措施和注意事项

（1）气象条件。避雷器交接试验应在良好天气下开展，若遇雷电、雪、雹、雨、雾等不良天气应暂停检测工作，试验过程中若遇天气突然变化，有可能危及人身及设备安全时，应立即停止工作，撤离人员，恢复设备正常状况，或采取临时安全措施。

（2）作业环境。如在车辆繁忙地段应与交通管理部门联系以取得配合。

（3）安全距离。

1）应确保操作人员及测试仪器与电力设备的高压部分保持足够的安全距离。

2）注意周边带电设备并保持安全距离，戴好绝缘手套及铺设橡胶绝缘垫，防止误碰带电设备。

3）应与带电线路、同回路线路带电裸露部分保持足够的安全距离，35kV 电压等级安全距离不小于 1m，110kV 电压等级安全距离不小于 1.5m，220kV 电压等级安全距离不小于 3m。

（4）关键点。

1）放电端部要渐渐接近从微安表引出的金属引线，反复几次放电，待放电时不再有明显火化时，再用直接接地的接地线放电。

2）装设接地线应先接接地端，后接导线端，拆接地线的顺序与此相反。

3）试验工作现场应设好试验遮栏，悬挂好标示牌，应有专人监护，避免其他人员误入危险区域，引起误伤。

4）放电时应使用合格的、相应电压等级的放电设备。

5）试验结束后应该逐相充分放电，避免人员触电；操作时应戴好绝缘手套、铺设橡胶绝缘垫等相关安全防护措施，防止误碰带电设备。

6）接线或更改接线前，必须用放电棒等工具对被试品、直流装置和分压器进行对地放电；加压前必须大声呼唱。

7）由于无间隙金属氧化物避雷器瓷套表面存在泄漏电流，在试验时应尽可能将避雷器瓷套表面擦拭干净。必要时，可在避雷器瓷套表面装设屏蔽环。

2．其他安全注意事项

（1）装设接地线时，应先接接地端，后接导线端，接地线连接可靠，不准缠绕，拆接地线时的程序与此相反。

（2）认真核对现场停电设备与工作范围。

（3）现场安全设施的设置要求正确、完备，工作区域挂好警示牌。

（4）配备专人监护，影响安全，即刻停止操作。

（5）放电时要注意放电棒不可对准屏蔽线放电，这样会导致屏蔽线的外绝缘击穿，会导致置于高压端的微安表损坏。

6.8.5　电缆外护层修复

电缆外护层修复作业安全措施和注意事项如下。

（1）环境温度一般不低于5℃，环境相对湿度一般不大于85%；天气以阴天、多云为宜，夜间图像质量为佳；不应在雷、雨、雾、雪等气象条件下进行。

（2）修补作业工作应由有经验的人员担任。

（3）在带电间隔修补时，注意在停电线路装接地线前，要先核对线路名称、相位无误后，再使用检验合格的验电器验电，验明停电线路确无电压才能挂接地线。

（4）电缆井内工作时，禁止只打开一只井盖（单眼井除外）。进入电缆井、电缆隧道前，应先用吹风机排除浊气，再用气体检测仪检查井内或隧道内的易燃易爆及有毒气体的含量是否超标，并做好记录。电缆沟的盖板开启后，应自然通风一段时间，经检测合格后方可下井工作。电缆井、隧道内工作时，通风设备应保持常开。在电缆隧（沟）道内工作时，作业人员应携带便携式气体测试仪，通风不良时还应携带正压式空气呼吸器。

（5）正确使用安全带、安全帽，高空作业应设专人监护。

（6）与35、110、220kV带电设备分别保持不小于1、1.5、3m的安全距离。

（7）试验电缆的另一端应派专人看守。加压前应认真检查试验设备并通知另一端的人员。试验装置的金属外壳应可靠接地。

（8）加压前，要仔细检查每一根电气接线，仔细检查仪器接地、高压接地、保护接地的连接，符合设备生产厂家的要求。

（9）工作现场四周设置围栏和警示牌，防止行人跌入窨井、沟坎，对开启的井口要设专人监护，并加装警示标识和安全标识。

（10）工作完毕后，应有专人检查接地线是否拆除。

（11）工作人员清理现场，检查现场无遗留工器具和杂物。

6.8.6　电缆外护层绝缘电阻和护层保护器测试

电缆外护层绝缘电阻和护层保护器测试安全措施和注意事项如下。

（1）高压电缆交接试验应在良好天气下开展，若遇雷电、雪、雹、雨、雾等不良天气应暂停检测工作，试验过程中若遇天气突然变化，有可能危及人身及设备安全时，应立即停止工作，撤离人员，恢复设备正常状况，或采取临时安全措施。

（2）应确保操作人员及测试仪器与电力设备的高压部分保持足够的安全距离。

（3）注意周边有电设备并保持安全距离，戴好绝缘手套及铺设橡胶绝缘垫，防止误碰有电设备，打开关闭接地箱、连接拆除接地线均需要戴绝缘手套。

（4）应与带电线路、同回路线路带电裸露部分保持足够的安全距离，35kV 电压等级安全距离不小于 1m，110kV 电压等级安全距离不小于 1.5m，220kV 电压等级安全距离不小于 3m。

（5）核相测试时，必须先进行感应电压测量。

（6）装设接地线应先接接地端，后接导线端，拆接地线的顺序与此相反。

（7）试验工作现场应设好试验遮栏，悬挂好标识牌，应有专人监护，避免其他人员误入危险区域，引起误伤。

（8）放电时应使用合格的、相应电压等级的放电设备。

（9）试验结束后应对电缆逐相充分放电后接地，避免人员触电。

（10）操作时应戴好绝缘手套、铺设橡胶绝缘垫等相关安全防护措施，防止误碰有电设备。

（11）装设接地线时，应先接接地端，后接导线端，接地线连接可靠，不准缠绕；拆接地线时的程序与此相反。

（12）认真核对现场停电设备与工作范围。

（13）现场安全设施的设置要求正确、完备，工作区域挂好警示牌。

（14）配备专人监护，影响安全，即刻停止操作。

6.8.7　电缆主绝缘故障测寻

1．安全措施和注意事项

（1）气象条件。高压电缆线路主绝缘故障测寻应在良好天气下开展，若遇雷电、雪、雹、雨、雾等不良天气应暂停检测工作，主绝缘故障测寻过程中若遇天气突然变化，有可能危及人身及设备安全时，应立即停止工作，撤离人员，恢复设备正常状况，或采取临时安全措施。

（2）作业环境。如在车辆繁忙地段应与交通管理部门联系以取得配合。

（3）安全距离。

1）应确保操作人员及测试仪器与电力设备的高压部分保持足够的安全距离。

2）注意周边带电设备并保持安全距离，戴好绝缘手套及铺设橡胶绝缘垫，防止误碰带电设备。

3）应与带电线路、同回路线路带电裸露部分保持足够的安全距离。

（4）关键点。

1）装设接地线应先接接地端，后接导线端，拆接地线的顺序与此相反。

2）试验工作现场应设好试验遮栏，悬挂好标示牌，应有专人监护，避免其他人员误入危险区域，引起误伤。

3）操作时应戴好绝缘手套、铺设橡胶绝缘垫等相关安全防护措施，防止误碰带电设备。

4）放电时应使用合格的、相应电压等级的放电设备。

5）试验结束后应对电缆逐相充分放电后接地，避免人员触电。

2．其他安全注意事项

（1）试验设备必须由检修专业人员接取，接取时严禁单人操作。

（2）防止机械伤人，避免搬运盖板砸伤手脚。

（3）采取有效隔离措施，以防电缆烧坏引起火灾。

第 7 章　典型违章事故案例及其分析

本章主要介绍了输电线路专业的典型事故案例，通过典型事故案例的学习和原因的剖析培养读者在作业现场识别风险、判断风险和规避风险的能力，从而认识到安全规范作业的重要性，培养现场安全作业观念和树立牢固的安全红线意识。

7.1　案例一

7.1.1　事件经过

2020 年 7 月 2 日，由××市供电公司建设管理、××送变电工程有限公司施工承包的 220kV ××输变电线路工程，基础施工专业分包单位在基础浇筑作业中，发生 5 名人员窒息死亡事故。发生事故的 G30 桩号基础深 13m，孔径 2m。7 月 2 日，施工现场的工作任务是混凝土浇筑，8 时 30 分左右，现场发现基坑内的声测管（用于检测混凝土质量）底部不稳，在未采取通风和检测措施的情况下，2 名作业人员冒险进入基坑绑扎声测管，长时间未出基坑，随后有 3 人进入基坑查看情况，盲目施救，造成进入基坑的 5 人窒息死亡。

7.1.2　事故暴露问题

（1）作业人员安全意识不强，安全技能严重缺乏，冒险作业。

（2）作业人员缺乏基本的救援常识和互救能力，盲目施救造成事故扩大。

（3）施工安全技术管理不到位，未执行"先通风、再检测、后作业"要求，未落实人员防护措施。

（4）现场管理混乱，针对现场临时增加的基坑内作业，未开展风险评估、制定落实防控措施。

7.2　案例二

7.2.1　事件经过

2018 年 5 月 20 日 20 时左右，××市供电公司所属集体企业××公司，在进行 220kV 赣潭 Ⅱ 线的线路参数测试工作过程中，发生一起感应电触电人身事故，造成 2 人死亡。

5 月 20 日，由××公司承建的 220kV ××1 线、××2 线跨越高速非独立耐张段改造项目，已完成线路杆塔组立及导地线架设工作。5 月 20 日 19 时 11 分，××公司变电分公司负责对 220kV ××1 线、××2 线进行线路参数测试。工作负责人胡××、工作班成员于××在 220kV ××变电站进行线路参数测试作业。20 时左右，试验人员于××在完成××1 线零序电容测试后，在××1 线未接地的情况下，直接拆除测试装置端的试验引线，同时未按规定使用绝缘鞋、绝缘手套、绝缘垫，线路感应电通过试验引线经身体与大地形成通路，导致触电。胡××在没有采取任何防护措施的情况下，盲目对触电中的于×进行身体接触施救，导致触电。

7.2.2　事故暴露问题

（1）安全生产责任没有真正落实。相关单位领导和管理人员安全生产意识淡薄、安全责任不实，在公司三令五申的情况下，仍未有效加强现场作业安全管控。

（2）执行安全规程不到位。在进行测试工作中，作业人员未使用绝缘手套、绝缘靴、绝缘垫，在未将线路接地的情况下，直接拆除测试线，严重违反 GB 26859—2011《电力安全工作规程　线路部分》《交流输电线路工频电气参数测量导则》有关规定，违章作业。

（3）现场安全组织、技术措施不完善。进行同塔架设线路测试工作，工作票中无防止停电线路上感应电伤人的有关措施，工作票填写、签发、许可等环节人员均未起到把关作用。

（4）工作监护制度落实不到位。现场工作监护形同虚设，未及时制止工作班成员不按程序接地、变更接线的违章行为，并在工作班成员感应电触电后盲目施救，导致事故扩大。

（5）作业组织管控不严格。工作票使用不规范，工作方案编写不完善，危险点分析不到位，执行管控流于形式，监督管理存在严重漏洞。

7.3 案例三

7.3.1 事故经过

2005 年 9 月 12 日××市供电公司检修人员在 35kV ××1 线清扫工作中，误登××2 线带电杆，造成触电重伤。

当日，××供电公司送电工区在 35kV ××1 线 T 接 1～31 号杆进行停电清扫、消缺工作。

11 时 35 分左右，王××（男，31 岁）在失去监护的情况下，误登上与××1 线 T 接平行架设的××2 线 6 号（ZSb1 色标黄色）杆，上杆后系好安全带，清扫 B 相绝缘子时触电坠落，被安全带挂在横担处。

11 时 40 分，变电站侧断开××2 线开关，现场组织人员将王××从杆上放下，并紧急送往白银市第二人民医院救治。经诊断，王××双手、左腿被电弧灼伤，右腿膝关节处骨折。事故造成双前臂截除、右小腿截除。

7.3.2 事故暴露问题

（1）工作人员（伤者）为三个月前转岗人员，原为驾驶员，经短期培训后上岗工作，其工作技能水平低，安全意识淡薄，自我保护意识不强，致使在作业现场严重违章、盲目蛮干。

（2）工作监护人对要工作的停电线路和邻近平行的带电线路位置，未向小组工作人员作特别交代（××2 线 1～10 号与××1 线 T 接 21～31 号平行架设，两线路之间的间距约 55m）。责任心不强，安全意识淡薄，对工作人员现场所存在的危险性认识不足，使工作人员的安全失去控制。

（3）工作负责人责任心不强，工作票执行极不严肃，票面内容与实际存在出入，实际工作人员与票面不相符，对工作票所列的安全措施没有逐条落实到位。

7.4 案例四

7.4.1 事故经过

500kV ××线共设置 4 个放线区段，2011 年 9 月 25 日开始进行导地线展放，事故前已完成 3 个放线区段。12 月 13 日正进行第 4 个区段（N1~N24 塔）中的 N3~N4 塔位的平移导线施工作业。N1~N4 段四基杆塔均为耐张塔，N3 塔处于官地水电站升压站出线侧山脊上，其后侧（小号侧，下同）为 35 度左右斜坡，前侧为深沟，N2~N3 塔档距 176m，N3~N4 塔档距 1010m。

鉴于 N3~N4 档内要跨某水电站两条 35kV 施工电源线路（××Ⅰ、Ⅱ线），且该两条线路不能同时停电，为保证施工安全决定采用在 N3~N4 段右侧展放左侧导线的施工方法。施工单位编制了《某水电站~××变 500kV 输电线路工程—N3~N4 档内跨越 35kV 电力线特殊施工方案》（简称《特殊施工方案》），明确 N3~N4 塔必须通过在右侧（面向大号侧，下同）展放完导线后，再在右侧横担上锚线、开断后移到左侧横担锚固、紧线并挂线。

12 月 13 日 8 时左右，现场施工人员在现场班组长涂××的带领下到 N3 杆塔进行施工作业。共有 11 名施工人员在塔上作业，塔上人员工作及站位大致情况为：上横担共有施工人员 6 人，其工作内容为将导线从右至左平移；左下横担 2 人，工作内容为调整左下相前侧导线弧度；3 人在塔身附近配合作业。

10 时 50 分，右上横担前侧已移动 3 根子导线到左上横担前侧处锚线，正将第四根子导线从右侧移到左侧时，杆塔失稳倒塌，塔上 11 人中 5 人当场死亡，6 人重伤，3 人在送往医院途中死亡，共计 8 人死亡，3 人受伤。

7.4.2 事故暴露问题

（1）劳务分包单位安全基础薄弱、员工安全意识淡薄。分包队伍内部管理混乱，安全规章制度不健全，对职工的安全教育和施工现场的管理不到位。现场不服从施工单位管理，致使技术管理人员安排布置停工后，分包单位现场人员没能做到"令行禁止"。其员工主要为临时用工,安全意识差、对风险辨识能力不高,对《特殊施工方案》中的安全措施认识不到位,操作技能低。导致在××线 N3 塔放线施工过程中,凭经验违反《特殊施工方案》,冒险违规作业,导致事故发生。

(2)施工承包单位对分包安全管理不到位,对特殊专项施工重视不够,现场管理不到位,年度审核把关不严,对存在安全规章制度不健全、职工的安全教育和施工现场的管理不到位等问题的分包单位,仍作为合格分包商参与工程建设,没有及时督促整改。对专项施工方案实施重视不够,在××线 N3 塔两侧大小档距、高差悬殊,且现场无法打拉线的情况下,没有要求设计单位提出具体的安全措施要求,也没有要求设计单位对施工方案的受力分析进行详细的校核;虽然针对该工程特点制定了《特殊施工方案》,但在安全技术交底时,没有使相关人员充分认识该项工作的风险和方案的重要性。对高风险的施工现场没有增派现场组织管理人员加强现场的管控,致使在现场技术管理员因病请假安排休工后,分包人员的管理没有处于可控状态。

(3)监理单位对现场的安全监管不到位。现场监理人员责任意识不强,对特殊的施工现场未有效履行到岗到位职责,安全规程制度的执行不到位,对现场施工安全监管不严。监理单位对现场监理人员的管理不严,监督、检查、考核不力。

(4)基建项目管理单位和部门对分包管理和特殊专项施工管理不到位,对施工单位执行公司分包安全管理规定的情况监督、检查不到位,管理不细;对有较大风险的特殊施工作业现场监督管控不到位,对施工、监理单位现场方案执行情况及人员到位情况监督、检查不力。基建管理部门对建设管理单位安全管理不到位的情况,缺乏有效掌握,管理考核不到位。

7.5 案例五

7.5.1 事故经过

2019 年 2 月 26 日,线路检修班进行 110kV ××东线 1~15 号塔瓷瓶清扫、紧固导线螺栓工作（1～14 号塔与××西线同塔架设，××西线带电运行）。10
时 51 分，线路工作班组在××东线 1、15 号塔分别挂好接地线后，工作负责人
刘×通知各小组可以上塔工作。此次线路检修共分五个小组，熊×（死者、上
塔人员）、王×（现场地面监护人员）在第二小组，负责××东线 4～6 号塔的
登检。上塔前王×再次对熊×作了西线带电、东线检修的交代。10 时 54 分，
熊×从 D 腿（靠停电线路侧）脚钉登塔，由下层往上层工作。熊×工作完毕后，
告诉王×："我已擦完。"王×回答："好。"王×就没有再监护熊×下塔，从挎
包中拿出"标准作业指导书"，开始检查 5 号塔的基础。11 时 12 分，王×正在
检查 A 腿接地线时，听到放电声，抬头看见熊×倒在未停电的××西线中相横
担上，身上已着火。救下时熊×已死亡。

7.5.2　事故暴露问题

（1）塔上作业人员未严格执行工作票、施工"三措"、危险点分析、标准
化作业指导书中有关规定，擅自进入带电区域，是导致此次事故的直接原因。

（2）塔下监护人员监护不到位，塔上作业人员尚未下塔前就开始进行其他
工作，未对塔上工作人员进行全过程监护，致使塔上作业人员的违章行为未能
及时被制止，是造成此次事故的又一直接原因。

（3）现场作业班组劳动组织有缺陷。安排本工种工龄不到一年、经验不足
的施工人员从事临近带电线路作业，是造成此次事故的又一间接原因。

7.6　案例六

7.6.1　事故经过

2019 年 2 月 7 日，送电工区带电班在带电处理 330kV ××线路 180 号塔
中相小号侧导线防震锤掉落缺陷工作中。办理了电力线路带电作业工作票（编
号 2019-02-01），工作票签发人王××，工作负责人李××（死者）、专责监护
人刘××等共 6 人，作业方法为等电位作业。16 时 10 分左右，工作人员到达
作业现场，工作负责人李××现场宣读工作票及危险点预控分析，并进行现场
分工，工作负责人李××攀登软梯作业，王××登塔悬挂绝缘绳和绝缘软梯，

刘××为专责监护人，地面帮扶软梯人员为王×、刘×，其余 1 名为配合人员。绝缘绳及软梯挂好，检查牢固可靠后，工作负责人李××开始攀登软梯，16 时 40 分左右，李××登到与梯头（铝合金）0.5m 左右时，导线上悬挂梯头通过人体所穿屏蔽服对塔身放电，导致其从距地面 26m 左右跌落死亡。

7.6.2　事故暴露问题

（1）工作审批把关不严。未针对塔型尺寸的变化，拟定相应的带电作业工作方案。

（2）工作票执行不严肃。

1）工作票所列工作条件未涉及"等电位作业的组合间隙"及"工作人员与接地体的距离"，重点安全措施漏项。

2）工作条件中所列的安全距离均海拔高度进行校正。

3）列入工作票的安全措施在工作现场未严格执行。

4）工作票的赤职责履行均不严肃和认真。

（3）工作组织不严谨。

1）未进行现场查勘，没有对现场结线方式、设备特性、工作环境间隙距离等情况进行分析。

2）未确定作业方案和方法及制定必要的安全技术措施。

3）作负责人违反 GB 26859—2011《电力安全工作规程　线路部分》规定，直接参与工作，工作专责监护人未尽到监护职责。

（4）缺陷管理不规范。对于防震锤掉落的一般性缺陷，当作紧急缺陷处理；对于可通过配线路计划检修停电处理的缺陷，却采取高风险性的带电作业进行处理。缺陷分类和分级的要求落实执行不到位。

7.7　案例七

7.7.1　事故经过

2009 年，进行±500kV ××直流输电线路冰灾技改，计划在 3 月底完成。事故发生前，1622～1638 号间的新塔均已组立完毕，1628～1631 号的小号侧的导线于 3 月 7 日拆除完毕，1631～1632 号档导地线跨越电气化铁路，因搭设跨越架一事铁路部门审批同意手续没有下来，因此对于该段导地线是在 1631 号的小号侧和 1632 号的大号侧用过轮临锚直接锚固在原杆塔冰灾后的加强拉线的地锚上。3 月 8 日 14 时 5 分，因 1631 号左侧过轮临锚拉盘损坏，锚杆被拉出，导致左侧导线向大号方向跑线，将电气化铁路 10kV 贯通线和 10kV 自闭线打断，导地线落在电气化铁路的接触线上，导致电气化铁路停运，1632 号塔倒塌。

7.7.2　事故暴露问题

（1）引起本次事故的直接原因是 1631 号塔小号侧左相导地线跑线，跑线的直接原因是临锚拉盘制造质量不良拉盘拉环被拉出所致。由于跑线左相导地线下落过程中将电气化铁路 10kV 贯通线和 10kV 自闭线打断，并落在铁路的接触线上，导致电气化铁路停运。

（2）未按审批的施工方案施工，造成地锚承受的上拔力及杆塔的下压力增大，是 1632 号塔倒塌的原因之一。1631、1632 号塔临锚均利用了原杆塔塔身补强地锚做拉线基础，经实测和计算，事故前过轮临锚对地角度分别为 24°37″、30°8″，均超出《拆旧施工方案》"临锚绳对地夹角不得大于 20°"的规定。

附　录

附录A　工作票填写说明

A.1　电力线路第一种工作票填写说明

单位

（1）填写工作负责人所属单位的全称或简称，简称应规范统一。示例：国网泰州供电公司输电运检室。

（2）外单位来本公司进行的工作，填写施工单位全称。示例：华东送变电公司。

停电申请单编号

填写设备运维单位向调控部门提交的停电申请单编号。

编号

（1）工作票的编号，同一单位（部门）同一类型的工作票应统一编号，不得重号。

（2）微机开票时，编号由系统自动生成。

（3）当工作票打印有续页时，在每张续页右上方有工作票编号。

注：工作票的编号原则上应由计算机自动生成；手工开票时必须确保不出现重号。（要求：4位年份＋2位月份＋3位编号，例如：201505001）

1．工作负责人（监护人）

（1）填写执行该项工作的负责人姓名。

（2）应填写工作负责人（监护人）所在班组名称。对于两个及以上班组共同进行的工作，则班组名称填写"综合"。

2．工作班人员（不包括工作负责人）

（1）应将工作班人员全部填写，然后注明"共×人"。

（2）使用工作任务单时，工作票的工作班成员栏内，可填写"小组负责人姓名等××人"，然后注明"共×人"。

（3）参与该项工作的设备厂家协作人员、临时工等其他人员也应包括在"工作班人员"中，应写清每个人员的名字、注明总人数，不同性质的人员应分行填写。在工作中应按规定对这些人员实施监护。

（4）工作负责人（监护人）不包括在工作票总人数"共×人"之内。

3．工作的线路名称或设备双重名称（多回路应注明双重称号、色标、位置）

填写工作线路或设备的电压等级、双重名称、停电范围；多回路还应填写双重称号（即线路名称和位置称号）、色标、位置。

停电范围：全线停电（主线和支线都停电），应写明全线；主线部分停电，应写明停电范围的起止杆塔号；主线不停电，支线停电，应写明支线名称和支线的起止杆号。

位置称号：上线、中线或下线和面向线路杆塔大号方向的左（右）线；若同塔线路大号方向不一致，带电线路与检修线路要分别描述。

示例：500kV 堡汉 5253 线全线（左线，红色）。

4．工作任务

（1）工作地点或工作地段。与工作线路名称栏相对应。并按要求注明分支线的名称、线路的起止杆号。

（2）工作内容。工作内容应填写明确，术语规范。工作内容应与向调度提出停电申请的工作内容相符。应写明工作性质、内容（如：迁移、立杆、放线、更换架空地线、拆除或恢复线路搭头、线路调爬、更换绝缘子等）；若是消缺应写明消缺具体内容。必须将所有主要工作内容填全。"工作内容"要与"工作地点或地段"相对应。

示例：

工作地点或地段 （注明分、支线线路名称、线路的起止杆号）	工作内容
××kV××线全线	清扫、检查
××kV××线30号杆	更换绝缘子

续表

工作地点或地段 （注明分、支线线路名称、线路的起止杆号）	工作内容
××kV××T接线 15～16 号	更换绝缘子
××kV××线 31～32 塔	绝缘子测盐密度

5．计划工作时间

填写已批准的检修期限，时间应使用阿拉伯数字填写，包含年（四位），月、日、时、分（均为双位，24h 制）。以下时间填写要求相同。

示例：2014 年 05 月 08 日 16 时 06 分。

6．安全措施（必要时可附页绘图说明，红色表示有电）

（1） 应改为检修状态的线路间隔名称和应拉开的开关、刀闸、熔断器（保险）（包括分支线、用户线路和配合停电线路）。

1）写明需要改为检修状态的线路间隔名称（包括分支线、用户线路和配合停电线路），线路上不涉及进入变电站内的工作，可以直接填写"××kV、×× 线转为检修状态"。

2）若涉及进站的工作应填写拉开的开关、刀闸、熔断器等。

3）若电源断开点采用断弓子线形式，则写明断弓子线杆塔的双重名称，并注明大小号侧。

（2）保留或邻近的带电线路、设备。应填写双重称号和带电线路、设备的电压等级。主要填写以下内容。

1）同杆架设未停电的线路、设备名称（双重称号）、色标。

2）发电厂、变电站出口停电线路两侧的邻近带电线路。

3）与工作地段邻近、平行或交叉且有可能误登误触的带电线路及设备。

4）拉开后一侧有电、一侧无电的配电设备。如柱上开关、闸刀、跌落保险等。

（3） 其他安全措施和注意事项。根据工作现场的具体情况而采取的一些安全措施或有关安全注意事项。如：装设个人保安接地线；在杆下装设临时围栏；防止倒杆应设临时拉线；线路交跨处的安全距离提示；起重、运输安全事项；在道路上放置提醒来往车辆和行人注意安全的交通警示牌等。

说明如下：

1）工作现场施工简图：需附图说明时，应根据现场勘察结果和工作现场实际，按照填图规范绘图说明。

2）若大型复杂工作，票面栏目填写不下时，可以另附页填写。

工作负责人根据现场具体情况，填写工作过程中需要补充的安全措施。只填写在工作负责人收执的工作票上。

（4）应挂接地线栏，共组。挂设位置应有工作票签发人或工作负责人确定，并填写电压等级、线路双重名称以及装设接地线的具体杆号（应标明大号侧或小号侧），接地线编号栏在挂好接地线后由工作负责人在现场填写。装设时间、拆除时间栏由工作负责人依据现场工作班成员装设或拆除接地线完毕的时间填写。

1）各工作班工作地段两端和有可能送电到停电线路的分支线（包括用户）都要挂接地线。

2）配合停电线路上的接地线，可以只在停电检修线路工作地点附近安装一组；在需要升降线时应挂两组接地线。

3）分段装设的接地线应根据工作区段转移情况逐段填写。分段工作，同一编号的接地线可分段重复使用。

工作票签发人签名：单签发时，签发人复查后签上姓名时间。

工作票会签人签名：双签发时会签人审核后签上姓名时间。

工作负责人签名：负责人收到工作票审核无误后签上姓名时间。

线路工作票中示意图画法：用虚线标出工作范围。图中应标明各侧变电站名称、作业范围地段的杆塔、所挂接地线的杆塔号及接地线编号；带电线路、同杆架设多回路、交叉跨越，带电部位应用红笔（或粗实线）标出。

注：示意图可以使用现场查勘单替代，但应符合示意图的要求。

7．确认本工作票 1～6 项，许可工作开始

工作许可人在对工作票 1～6 项内容确认无误后，方许可工作。

（1）采用电话许可方式时，工作负责人和工作许可人应分别在各自收执的工作票上填写许可方式、工作许可人、工作负责人、许可工作时间。采用当面

许可方式时，应在双方工作票上亲自签名。

（2）停电线路作业还涉及其他单位配合停电的线路，或需要进入变电站进行架空输电线路等工作，工作负责人应在得到全部工作许可人的许可后，方可开始工作。

8．现场交底，工作班成员确认工作负责人布置的工作任务、人员分工、安全措施和注意事项并签名

工作班成员在明确了工作负责人、专责监护人交代的工作内容、人员分工、带电部位、现场布置的安全措施和工作的危险点及防范措施后，每个工作班成员在工作负责人所持工作票上签名，不得代签。

9．工作负责人变动情况

经工作票签发人同意，在工作票上填写离去和变更的工作负责人姓名及变动时间，同时通知工作许可人。工作负责人的变更应告知全体工作班成员。变更的工作负责人应做好交接手续。

10．工作人员变动情况（变动人员姓名、变动日期及时间）

经工作负责人同意签名，并在工作票上写明变动人员姓名、变动日期及时间。新增加的工作人员在明确了工作内容、人员分工、带电部位、现场安全措施和工作的危险点及防范措施，在工作负责人所持工作票上第8项确认栏签名后方可参加工作。

11．工作票延期

应由工作负责人根据实际工作需要，在工作票的有效期尚未结束以前向工作许可人提出申请，经同意后将批准延长的期限、工作许可人姓名及本人姓名填入此栏。当工作许可人在工作现场时，应由工作许可人亲自签字确认。工作票只能延期一次。

12．每日开工和收工时间（使用一天的工作票不必填写）

（1）当工作票的有效期超过一天时，工作负责人每日应与工作许可人办理开工和收工手续，并分别在各自所持工作票相应栏内填写时间、姓名。首日开工和工作终结手续不在本栏目中办理，表格不够时可增附页。

（2）每日收工，工作负责人应得到小组负责人或全部工作班成员当日工作结束的报告，开好收工会并全部撤离工作现场后，向许可人汇报。次日复工时，工作负责人应经许可人同意并重新复核安全措施无误后方可工作。收工时将工作地点所装的接地线拆除的，次日恢复工作前应重新验电挂接地线。

13．工作票终结

（1）现场所挂的接地线编号共组，已全部拆除、带回。

完工后，工作负责人（包括小组负责人）应检查线路检修地段，配合停电设备的状况，查明人员已经全部下杆（塔）撤离，确认在杆塔上、导线上、绝缘子串上及其他辅助设备上没有遗留的个人保安线、工具、材料等。多小组工作，工作负责人应得到所有班组负责人工作结束的汇报，再命令拆除工作地段所挂的接地线。

工作负责人应将现场所拆的接地线编号和数量填写齐全，并现场清点，不得遗漏。

（2）工作终结报告。

1）工作终结后，工作负责人应及时报告工作许可人，若有其他单位配合停电线路，还应及时通知指定的配合停电设备运行管理单位联系人。报告方法有当面报告和电话报告。

2）报告结束后填写报告方式、时间，工作负责人、许可人签名（电话报告时代签）。

14．备注

（1）注明指定专责监护人及负责监护地点及具体工作；

（2）其他需要交代或需要记录的事项，使用工作任务单，在本栏，填写"本工作票有任务单×份"。

A.2　电力线路第二种工作票填写说明

单位

内容与电力线路第一种工作票相同。

编号

内容与电力线路第一种工作票相同。

1．工作负责人（监护人）

内容与电力线路第一种工作票相同。

2．工作班人员（不包括工作负责人）

（1）应将工作班人员全部填写，然后注明"共×人"。

（2）使用工作任务单时，工作票的工作班成员栏内，可填写"小组负责人姓名等××人"，然后注明"共×人"。

（3）参与该项工作的设备厂家协作人员、临时工等其他人员也应包括在"工作班人员"中，应写清每个人员的名字、注明总人数，不同性质的人员应分行填写。在工作中应按规定对这些人员实施监护。

（4）工作负责人（监护人）不包括在工作票总人数"共×人"之内。

3．工作任务

（1）线路或设备名称。填写线路或设备电压等级、名称和编号。

（2）工作地点、范围。在线路的某处杆塔上的工作，写明工作的线路的杆塔号，在线路某一地段的杆塔上工作，应写明线路的起止杆塔号，明确工作范围。

（3）工作内容。工作内容填写应具体清楚。

4．计划工作时间

填写已批准的检修期限。

5．注意事项（安全措施）

填写工作票签发人认为作业中需要注意的安全事项和需要采取的安全措施。

（1）工作票签发人签名。单签发时签发人复查后签上姓名时间。

（2）工作票会签人签名。双签发时会签人审核后签上姓名时间。

（3）工作负责人签名。负责人收到工作票后审核无误后签上姓名时间。

6．现场交底，工作班成员确认工作负责人布置的工作任务、人员分工、安全措施和注意事项并签名

内容与电力线路第一种工作票相同。

7．工作开始时间和工作完工时间

按实际时间即时填写，工作负责人同时签名。

8．工作负责人变动情况

经工作票签发人同意，在工作票上填写离去和变更的工作负责人姓名及变动时间，同时通知工作许可人。工作负责人的变更应告知全体工作班成员。变更的工作负责人应做好交接手续。

9．工作人员变动情况（变动人员姓名、变动日期及时间）

经工作负责人同意签名，并在工作票上写明变动人员姓名、变动日期及时间。新增加的工作人员在明确了工作内容、人员分工、带电部位、现场安全措施和工作的危险点及防范措施，在工作负责人所持工作票上第 8 项确认栏签名后方可参加工作。

10．每日开工和收工时间（使用一天的工作票不必填写）

当工作票的有效期超过一天时，工作负责人每日应与工作许可人办理开工和收工手续，并分别在各自所持工作票相应栏内填写时间、姓名。首日开工和工作终结手续不在本栏目中办理，表格不够时可增附页。

11．工作票延期

按延期时间即时填写。

12．备注

（1）注明指定专责监护人及负责监护地点及具体工作。

（2）其他需要交代或需要记录的事项。

A.3　电力线路带电作业工作票填写说明

单位

内容与电力线路第一种工作票相同。

编号

内容与电力线路第一种工作票相同。

1．工作负责人（监护人）

内容与电力线路第一种工作票相同。

2．工作班人员（不包括工作负责人）

内容与电力线路第二种工作票相同。

3．工作任务

（1）线路或设备名称。填写线路或设备电压等级、名称和编号。

（2）工作地点、范围。在线路的某处杆塔上的工作，写明工作的线路的杆塔号，在线路某一地段的杆塔上工作，应写明线路的起止杆塔号，明确工作范围。

（3）工作内容。任务应具体清楚，术语规范。

4．计划工作时间

填写已批准的检修期限。

5．停用重合闸线路（应写线路双重名称）

填写停用重合闸的线路双重名称。示例：停用××kV××线路重合闸。

6．工作条件（等电位、中间电位或地电位作业，或邻近带电设备名称）

按照带电作业性质，正确选择等电位、中间电位、地电位作业其中使用的作业方式，并明确邻近带电设备名称。

7．注意事项（安全措施）

根据该项工作任务、设备状况以及工作现场的具体情况，及现场操作规程要求采取的相关安全措施和有关注意事项。

8．确认本工作票1～7项

工作负责人收到工作票后审核无误后签上姓名。

9．工作许可

（1）调控人员直接许可工作开工时，在工作负责人所持工作票上填写该调控员姓名，并填写许可开工时间。

（2）由设备运维管理单位联系人许可工作开工时，在工作负责人所持工作票上填写该联系人姓名，并填写许可开工时间。

10．指定专责监护人签名

填写指定专责监护人姓名，并由专责监护人签名。

11．补充安全措施（工作负责人填写）

由工作负责人根据带电作业的工作条件和作业现场的具体情况，提出补充安全措施。如邻近运行设备作业时，应注明邻近设备运行情况，并根据电压等级注明保持安全距离。

12．现场交底，工作班成员确认工作负责人布置的工作任务、人员分工、安全措施和注意事项并签名

工作班成员在明确了工作负责人、专责监护人交代的工作内容、人员分工、带电部位、现场布置的安全措施和工作的危险点及防范措施后，每个工作班成员在工作负责人所持工作票上签名，不得代签。使用工作任务单时，各小组负责人在工作票上签名，各工作小组成员分别在工作任务单上签名。

13．工作终结汇报调控许可人（联系人）

工作负责人在工作终结后向调控许可人（联系人）汇报全部工作结束，并记录调控许可人（联系人）姓名，工作负责人本人签名，记下汇报时间。

14．备注

其他需要交代或需要记录的事项。

A.4　电力电缆第一种工作票填写说明

单位

内容与电力线路第一种工作票相同。

停电申请单编号

内容与电力线路第一种工作票相同。

编号

内容与电力线路第一种工作票相同。

1．工作负责人（监护人）

内容与电力线路第一种工作票相同。

2．工作班人员（不包括工作负责人）

内容与电力线路第一种工作票相同。

3．电力电缆名称

填写工作电力电缆的电压等级、名称与编号。

4．工作任务

（1）工作地点或地段。

1）对于在变电站内的工作，"工作地点"应写明变电站名称及电缆设备的双重名称。

2）对于在电杆上进行电缆与线路拆、搭接头工作，"工作地点"应填写线路名称（双重名称）和电杆杆号。

3）对于在分支箱处的工作，"工作地点"应填写线路名称（双重名称）和分支箱双重名称、编号。

4）对于在电缆线路中间某一段区域内工作，"工作地点"应填写电缆所属的线路名称（双重名称）以及电缆所处的地理位置名称（如电缆沟号或道路名称）。

（2）工作内容。

1）对应上述工作地点及设备逐项填写工作内容。工作内容要写具体，如电缆搭头、电缆开断、做中间头、做终端头、试验等，填写的设备名称（双重名称）应与现场相符。

2）工作内容应与向调度提出停电申请的工作内容相符。必须将所有工作内容填全，不得省略。

示例：

工作地点或地段	工作内容
××kV××线全线	电缆预试
××kV××变××kV××间隔	电缆搭头
××kV××线××号杆	电缆头更换

5．计划工作时间

填写已批准的检修期限，用阿拉伯数字分别写明年、月、日、时、分。

6．安全措施（必要时可附页绘图说明）

（1）应拉开的设备名称、应装设绝缘挡板。

"变、配电站或线路名称"栏：填写带电压等级的变、配电站或线路名称。

"应拉开的开关、刀闸、熔断器以及应装设的绝缘挡板（注明设备双重名称）"栏：对应变、配电站和线路名称依次分别填写需要操作人员（执行人）拉开的开关、刀闸、熔断器以及应装设的绝缘挡板的具体位置。（注明设备的双重名称）。

线路上不涉及进入变电站内的电缆工作，可以直接填写"××kV××线转为检修状态"。

注：变电站内和线路上均有工作时，应将变电站采取的安全措施排在前列，线路上应采取的安全措施排在后面。

示例：

变、配电站或线路名称	应拉开的开关、刀闸、熔断器以及应装设的绝缘挡板（注明设备双重名称）	执行人	已执行
××kV××变	应拉开××开关，应拉开××刀闸，应在××刀闸动、静触头间装设绝缘挡板		
××kV××线	转为检修状态		

（2）应合接地刀闸或应装接地线。应注明接地刀闸双重名称，应装设接地线的确切地点。

涉及进入变电站内的电缆工作，需填写由变电运维人员负责执行的接地安全措施，接地线编号由工作许可人填写。

不涉及进入变电站内的电缆工作，可只填写由工作班组装设的工作接地线。接地线编号由工作负责人填写。

注：变电站内和线路上均有工作时，应将变电站采取的安全措施排在前列，线路上应采取的安全措施排在后面。且与本票第2栏顺序保持一致。

示例：

接地刀闸双重名称和接地线装设地点	接地线编号	执行人
××kV××变：应合上××接地刀闸		
××kV××变：应在××刀闸线路侧装设接地线一组		
应在××线×杆小号侧装设接地线一组		

（3）应设遮栏，应挂标示牌。应分类填写遮栏、标示牌及所设的位置。遮栏设于工作地点周围，注明确切设备或地点。

（4）工作地点保留带电部分或注意事项。由工作票签发人根据现场情况，明确工作地点及周围所保留的带电部位、带电设备名称和注意事项，工作地点周围有可能误碰、误登、交叉跨越的带电部位和设备等，以及其他需要向检修人员交代的注意事项，此栏不得空白。

（5）补充工作地点保留带电部分和安全措施（由工作许可人填写）。由工作许可人根据现场实际情况，提出和完善安全措施，并注明所采取的安全措施或提醒检修人员必须注意的事项，无补充内容时填写"无"。

（6）"执行人"和"已执行"栏。在工作许可时，确认对应安全措施完成后，填写执行人姓名，并在"已执行"栏内打"√"。

1）在变电站或发电厂内的电缆工作，由变电站工作许可人确认完成左侧相应的安全措施后，在双方所持工作票"执行人"栏内签名，并在"已执行"栏内打"√"。

2）在线路上的电缆工作，工作负责人应与线路工作许可人逐项核对确认安全措施完成后，在"执行人"栏内填写许可人姓名，并在"已执行"栏内打"√"。采用当面许可方式，线路工作许可人应在"执行人"栏内亲自签名。

3）由检修班组自行装设的接地线或合入的接地刀闸，由工作负责人填写实际执行人姓名，并在"已执行"栏内打"√"。

（7）示意图画法。应根据工作地段画出电缆单线结线图，工作范围用虚线标出，带电部分用红笔（或粗实线）标出。图中应标明各侧变电站名称、作业范围地段、所挂接地线的杆塔号及接地线编号。涉及变电站内电缆工作的应画出变电站停电间隔图示（包括接地刀闸位置和编号）。

　　注：示意图可以使用现场查勘单替代，但应符合示意图的要求。

　　7．确认本工作票 1～6 项

　　工作负责人检查确认工作票 1～6 项正确完备，与电缆工作有关的各侧安全措施执行无误后，在栏内签字。

　　8．补充安全措施

　　工作负责人根据工作任务、现场实际情况、工作环境和条件、其他特殊情况等，填写工作过程中存在的主要危险点和防范措施。危险点及防范措施要具体明确。只填写在工作负责人收执的工作票上。

　　特别要强调各作业点（变电站、配电所、线路）工作班之间的相互联系，如电缆涉及试验时，对其他作业人员是否停止作业的控制等措施。

　　9．工作许可

　　（1）在线路上的电缆工作。采用电话许可方式时，工作负责人和工作许可人应分别在各自收执的工作票上填写许可方式、工作许可人、工作负责人、许可工作时间。采用当面许可方式时，应在双方工作票上亲自签名。若停电线路作业还涉及其他单位配合停电的线路时，工作负责人应在得到指定的配合停电设备运行管理单位联系人通知这些线路已停电和接地，并履行工作许可书面手续后，才可开始工作。

　　（2）在变电站或发电厂内的电缆工作。工作负责人到变电站，待安全措施全部完成后，与变电站工作许可人一起检查所做的安全措施是否正确完备，然后再和工作许可人分别在工作票上签字。工作许可手续即告完成。

　　若工作同时涉及变电站和线路，应完成以上两个许可手续后，才可开始工作。若工作涉及两个及以上变电站时，应增加变电站许可栏目，由工作负责人分别与对应站履行相应许可手续。

　　10．现场交底，工作班成员确认工作负责人布置的工作任务、人员分工、安全措施和注意事项并签名

　　内容与电力线路第一种工作票相同。

11．每日开工和收工时间（使用一天的工作票不必填写）

对有人值班变电站的检修工作，每日收工，应清扫工作地点，开放已封闭的通路，并将工作票交回运行人员。次日复工时，应得到工作许可人的许可，取回工作票，工作负责人必须重新认真检查安全措施是否符合工作票的要求，并召开现场站班会后，方可工作。若无工作负责人或专责监护人带领，工作人员不得进入工作地点。

对无人值班变电站的检修工作，当日收工时，工作负责人应电话告知运行班组值班员当日工作收工，双方分别在各自所持的工作票的相应栏内填写时间、姓名。次日复工前，工作负责人应检查安全措施完好、与运行班组值班员电话联系，在得到许可后，工作许可人、工作负责人分别在各自所持工作票相应栏内填写开工时间、姓名后方可开始工作。

12．工作票延期

由工作负责人根据实际工作需要，在工作票的有效期尚未结束以前向工作许可人提出申请，经同意后将批准延长的期限、工作许可人姓名及本人姓名填入此栏。当工作许可人在工作现场时，应由工作许可人亲自签字确认。工作票只能延期一次。

13．工作负责人变动

经工作票签发人同意，在工作票上填写离去和变更的工作负责人姓名及变动时间，同时通知工作许可人。工作负责人的变更应告知全体工作班成员。变更的工作负责人应做好交接手续。

14．作业人员变动（变动人员姓名、变动日期及时间）

经工作负责人同意签名，并在工作票上写明变动人员姓名、变动日期及时间。新增加的工作人员在明确了工作内容、人员分工、带电部位、现场安全措施和工作的危险点及防范措施，在工作负责人所持工作票上第 10 项确认栏签名后方可参加工作。

15．工作终结

工作班在完成工作票上指定的工作任务，拆除所有工作班自行装设的接地线（接地线拆除后，应即认为线路带电，不准任何人再登杆进行工作。工作负责人应将现场所拆的接地线数量和编号填写齐全，不得遗漏）、设备恢复许可前的状态、清理现场完毕、人员撤离现场以后，才能与工作许可人办理工作终结手续。

（1）对于电缆工作所涉及的线路，工作负责人应与线路工作许可人（停送电联系人或调度）办理工作终结手续。工作负责人、工作许可人双方在工作票的工作终结栏相应处签名。如果工作终结手续是以电话方式办理，则由工作负责人在自己手中的工作票上代线路工作许可人签名。

（2）对于在变电站、配电所内进行的工作，工作负责人应会同工作许可人（值班人员）共同组织验收。在验收结束前，双方均不得变更现场安全措施。验收后，工作负责人、工作许可人双方在工作票的工作终结栏相应处签名。

（3）在涉及线路和变电站工作的情况下，上述（1）（2）的要求全部满足后，工作终结手续才告完成。

工作终结时间不应超出计划工作时间或经批准的延期时间。

16．工作票终结

变电站工作许可人在完成工作票的工作终结手续后，应拆除工作票上所要求的安全措施，恢复常设遮栏，并做好记录。在拉开检修设备的接地刀闸或拆除接地线后，应在本变电站收持的工作票上填写"未拆除的接地线编号×号、×号接地线共×组"或"未拉开接地刀闸编号×号、×号接地刀闸共×副（台）"，未拆除的接地线、接地刀闸汇报调度员后，方告工作票终结。

工作许可人在工作票上签名并填写工作票终结时间。

工作票终结后，盖专用章。

17．备注

（1）指定专责监护人。工作票签发人或工作负责人应根据现场的安全条件、施工范围、工作需要等具体情况，增设专责监护人和确定被监护的人员及范围。工作负责人现场的增设专责监护人不需要对工作票进行复写。

（2）其他事项。注明接地线未拆除、接地刀闸未拉开的原因。其他需要注明的有关事项。

A.5 电力电缆第二种工作票填写说明

单位

内容与电力线路第一种工作票相同。

编号

内容与电力线路第一种工作票相同。

1．工作负责人（监护人）

内容与电力线路第一种工作票相同。

2．工作班人员（不包括工作负责人）

内容与电力线路第二种工作票相同。

3．工作任务

（1）电力电缆名称。填写工作电力电缆的电压等级、名称与编号。

（2）工作地点或地段。

1）对于在变电站内的工作，"工作地点"应写明变电站名称及电缆设备的双重名称。

2）对于在电杆上进行电缆与线路拆、搭接头工作，"工作地点"应填写线路名称（双重名称）和电杆杆号。

3）对于在分支箱处的工作，"工作地点"应填写线路名称（双重名称）和分支箱双重名称、编号。

4）对于在电缆线路中间某一段区域内工作，"工作地点"应填写电缆所属的线路名称（双重名称）以及电缆所处的地理位置名称（如电缆沟号或道路名称）。

（3）工作内容。对应电缆的所有工作地点逐项填写工作内容。工作内容应填全，不得省略。

4．计划工作时间

填写已批准的工作期限。用阿拉伯数字分别写明年、月、日、时、分。

5．工作条件和安全措施

填写不停电，并注明工作地点邻近带电设备；工作所需的安全措施及注意事项；相关设备的运行情况及安全距离；防止发生事故的其他安全措施等。工作票签发人检查确认工作票1～5项无误后在工作票签发人签名栏内签名，并在时间栏内填入时间。单签发时签发人复查后签上姓名时间；双签发时会签人审核后签上姓名时间。

6．确认本工作票面1～5项

工作负责人检查确认工作票1～5项正确完备，与电缆工作有关安全措施执行无误后，在栏内签字。

7．补充安全措施（工作许可人填写）

在变配电站（发电厂）工作时由工作许可人填写补充的安全措施。如安全围栏的设置、警示牌设置、邻近带电设备位置及其他安全注意事项等。无补充内容时填"无"。

8．工作许可

（1）在线路上的电缆工作。仅在线路上的电缆工作，不需要履行工作许可手续。由作负责人在工作票上填写工作开始时间并签名。

（2）在变电站或发电厂内的电缆工作。工作负责人与变电站工作许可人应共同检查工作票所列的相关安全措施确已完全执行完毕后，由工作许可人填写本变电站名称及许可工作时间，然后与工作负责人分别签字确认。

9．现场交底，工作班成员确认工作负责人布置的工作任务、人员分工、安全措施和注意事项并签名

工作班成员在明确了工作负责人、专责监护人交代的工作内容、人员分工、带电部位、现场布置的安全措施和工作的危险点及防范措施后，每个工作班成员在工作负责人所持工作票上签名，不得代签。

10．工作票延期

若工作需要延期，工作负责人应在工期尚未结束以前向工作许可人提出延期申请，双方签名并记录时间。如果采用电话联系方式，经同意后，双方在各自所持工作票上签名，并代对方签名。

11．每日开工和收工时间（使用一天的工作票不必填写）

当工作票的有效期超过一天时，工作负责人每日应与工作许可人办理开工

和收工手续，并在此栏中做好记录。首日开工和工作终结手续不在本栏目中办理，表格不够时可增附页。

12．工作票终结

（1）在线路上的电缆工作：工作负责人在全部工作结束，临时遮栏已拆除，材料工具及现场清理完毕，工作人员全部撤离现场后，填写完工时间并签名。

（2）在变、配电站或发电厂内的电缆工作：全部工作结束，工作负责人在工作人员全部撤离，材料工具已清理完毕。填写变电站名称和工作结束时间，双方签名。

13．备注

工作票签发人或工作负责人应根据现场的安全条件、施工范围、工作需要等具体情况，增设专责监护人和确定被监护的人员及范围。工作负责人现场的增设专责监护人不需要对工作票进行复写。

其他需要注明的有关事项。

A.6 电力线路事故紧急抢修单填写说明

单位

内容与电力线路第一种工作票相同。

编号

内容与电力线路第一种工作票相同。

1．抢修工作负责人（监护人）

（1）抢修工作负责人必须具有工作负责人资格。

（2）应填写抢修负责人（监护人）所在班组名称。对于两个及以上班组共同进行的工作，则班组名称填写"综合"。

2．抢修班人员（不包括抢修工作负责人）

内容与电力线路第二种工作票相同。

3．抢修任务（抢修地点和抢修内容）

填写具体的工作地点和抢修内容（使用双重名称）。工作任务应明确具体，术语规范。

4．安全措施

根据工作现场的实际情况在本栏中填写安全措施。需装设的接地线、遮栏和标示牌。应采取的各种危险点控制措施。

5．抢修地点保留带电部分或注意事项

对抢修地点同杆、平行、交跨的电力线路所采取的安全措施，抢修中应注意的有关事项。

6．上述 1～5 项由抢修工作负责人根据抢修任务布置人的布置填写

填写抢修工作负责人、抢修任务布置人姓名。

7．经现场勘察需补充下列安全措施

抢修负责人对现场的安全措施进一步核对，并根据需要补充安全措施。同时要经许可人（调控/运维人员）同意，填写同意的许可人（调控/运维人员）姓名及时间。

8．许可抢修时间

由抢修负责人填写许可抢修时间和许可人。

9．抢修结束汇报

填写抢修结束时间，注明现场设备经抢修后的状况，现场保留的安全措施。最后填写抢修工作负责人、许可人（调控/运维人员）姓名及时间。

A.7　电力线路工作任务单填写说明

单位

应与工作票上单位一致。

工作票编号

填写对应的工作票编号。

编号

具体的工作任务单位编号，如：某份工作票包含 3 份任务单时，编号分别是"01、02、03"。

1．工作负责人

填写所对应工作票的工作负责人姓名。

2．小组负责人

填写本小组的负责人姓名。

小组名称：填写本任务单作业班（组）名称。

小组人员：

（1）工作班人员全部填写，然后注明"共×人"。

（2）小组人员应包含本小组所有人员，包括辅助工、厂方人员或特种车辆驾驶员等。

（3）工作负责人（监护人）不包括在"共×人"之内。

（4）如多个小组共用的吊车、厂方维护人员等，则写在工作票上即可，不再单独写在每张工作任务单上。

3．工作的线路或设备双重名称

填写本小组实际工作线路或设备的电压等级、双重名称、停电范围；多回路还应填写双重称号（即线路名称和位置称号）、色标。

4．工作任务

填写本小组的工作地点或地段（注明线路名称、起止杆号）和工作内容。

5．计划工作时间

填写由工作票工作负责人安排的工作时间。但应在工作票工作范围内。

6．注意事项（安全措施，必要时可附页绘图说明）

填写应由任务单所列工作班组负责完成的各项安全措施，应设置的遮栏、标示牌，应挂的工作接地线和个人保安线，以及作业过程中的其他安全注意事项等。

工作任务单的签发

由对应工作票的签发人或工作负责人签发，签发人和小组负责人分别签名，并注明时间。

7．确认本工作票1～6项，许可工作开始

对应工作票许可后，工作负责人方可与小组负责人办理工作任务单许可手续。填写开工许可方式、许可人、许可开工时间，小组负责人签名记录。

工作负责人应根据现场具体情况，填写工作过程中存在的主要危险点和防范措施。危险点及防范措施要具体明确。

8. 现场交底，小组成员确认小组负责人布置的工作任务、人员分工、安全措施和注意事项并签名

每个小组成员在明确了小组工作负责人、专责监护人交代的工作内容、人员分工、带电部位、现场布置的安全措施和工作的危险点及防范措施后，在小组负责人所持工作任务单上签名，不得代签。

9. 工作终结

任务单工作完工后，该小组负责人核查现场所挂的接地线和个人保安线确已全部拆除并带回，确认现场临时安全措施已拆除，工具已清理完毕，小组人员已全部撤离，方可向工作票工作负责人报完工，在该栏中填写工作终结报告方式、终结报告时间，并与许可人分别签名。

备注

（1）注明指定专责监护人及负责监护地点及具体工作。

（2）其他需要交代或需要记录的事项。

A.8　现场勘察记录填写说明

勘察单位

指勘察工作负责人所在的单位名称。

编号

编号应连续且唯一，不得重号。

勘察负责人

组织该项勘察工作的负责人签名。

勘察人员

所有进行现场勘察的人员应由本人签字，包括设备运维单位所派人员。

勘察的线路名称或设备的双重名称（多回应注明双重称号）

填写勘察的线路或设备的电压等级、双重名称；多回路还应填写双重称号（即线路名称和位置称号）、色标。结合现场实际勘察情况进行填写。

工作任务（工作地点或地段以及工作内容）

根据停电计划和工作方案，结合现场实际勘察情况进行填写。

勘察内容

1．需要停电的范围

待检修线路(含分支线路)名称及起止杆号；需要停电才能工作的同杆(塔)、交叉跨越线路或临近线路的名称及起止杆号。

2．保留的带电部位

待检修线路工作地段及周围所保留的带电部位。

3．作业现场条件、环境及其他危险点

工作地点周围有可能误碰、误登的带电设备、需要跨越铁路、公路、河道、管道、电力或通信线路等重要跨越部位。

4．应采取的安全措施

工作地点周围有可能误碰、误登带电设备需采取的安全措施，需要跨越的铁路、公路、河道、管道、电力或通信线路等重要跨越部位应采取的安全防范措施。

5．附图与说明

绘制待检修线路地理走径图并标明临近带电设备名称及铁路、公路、河道、管道、电力或通信线路等重要跨越物。

记录人及勘察日期

填写记录人姓名和勘察日期和时间

附录 B　电力线路第一种工作票样票

电力线路第一种工作票

单位：　输电运检室 停电申请单编号：　泰州输电运检工区 202204004

编号 I202204001

1．工作负责人（监护人）：　苏××　　　　班组：　运检一班

2．工作班人员（不包括工作负责人）

高××、郭××、海×××、兰××、周×、赵×、洪×、王×、张××、

王×共 10 人。

3．工作的线路或设备双重名称（多回路应注明双重称号、色标）

220kV 孙沈 4969 线全线（左线，黄底黑字）

220kV 孙陆 26F9 线全线（右线，白底绿字）

4．工作任务

工作地点或地段 （注明分、支线路名称、线路的起止杆号）	工作内容
220kV 孙沈 4969 线 001～059 号	综合检修，耐张绝缘子测零
220kV 孙陆 26F9 线 001～088 号	综合检修，耐张绝缘子测零

5．计划工作时间：自 2022 年 04 月 12 日 07 时 30 分至 2022 年 04 月 16 日 17 时 30 分

6．安全措施（必要时可附页绘图说明，红色表示有电）

（1）应改为检修状态的线路间隔名称和应拉开的开关、刀闸、熔断器（保险），包括分支线、用户线路和配合停电线路。

220kV 孙沈 4969 线转入检修状态；220kV 孙陆 26F9 线转入检修状态。

（2）保留或邻近的带电线路、设备。

1）停电线路 220kV 孙陆 26F9 线/孙沈 4969 线 001 号与右侧运行中的 220kV 孙帅 26F8/26F7 线 001 平行架设。

2）停电线路 220kV 孙陆 26F9 线/孙沈 4969 线 005～012 号与运行中的左侧 110kV 孙漆 9A1 线 001 号 007 号平行架设。

3）停电线路 220kV 孙陆 26F9 线/孙沈 4969 线 002～015 号与运行中的右侧 220kV 凤帅 2H64/2H63 线 018～037 号平行架设。

4）停电线路 220kV 孙陆 26F9 线/孙沈 4969 线 004～014 号与运行中的 110kV 马孙 79A 线（蓝底白字）057～069 号/110kV 孙俞 9A2 线（绿底白字）012～001 号同杆架设。

5）停电线路 220kV 孙陆 26F9 线/孙沈 4969 线 017～018 号穿越运行中的 500kV 兴州 5647 线 134～135 号/500kV 盐泰 5255 线 176～177 号。

（3）其他安全措施和注意事项：

1）接到停电许可后，应认真验电，挂好接地线后方可开始工作；

2）系好安全带和二级保护，转移时不得失去保护；

3）严防误碰有电线路，与 110kV 带电体保持 1.5m 的安全距离，与 220kV 带电体保持 3.0m 的安全距离，与 500kV 带电体保持 5.0m 的安全距离；

4）同杆架设杆塔，应做好防感应电措施，做好个人保安接地保护；

5）工作前应认真核对线路双重名称及杆号和颜色标志，设专人监护，防止误入带电侧横担；

6）全体人员应集中思想，共同做好安全生产。

（4）应挂的接地线，共 4 组

挂设位置 （线路名称及杆号）	接地线编号	挂设时间	拆除时间
220kV 孙沈 4969 线 001 号塔小号侧	SDYJ-220 J-		
220kV 孙沈 4969 线 059 号塔大号侧	SDYJ-220 J-		
220kV 孙陆 26F9 线 001 号塔小号侧	SDYJ-220 J-		
220kV 孙陆 26F9 线 088 号塔大号侧	SDYJ-220 J-		

工作票签发人签名：　高×× 　2022 年 04 月 11 日 15 时 12 分

工作票会签人签名：＿＿＿＿＿＿ ＿＿年＿月＿日＿时＿分

工作负责人签名：　苏×× 　2022 年 04 月 11 日 16 时 23 分收到工作票

7. 确认本工作票1～6项，许可工作开始

许可方式	许可人	工作负责人签名	许可开始工作时间
			年　月　日　时　分
			年　月　日　时　分

8. 现场交底，工作班成员确认工作负责人布置的工作任务、人员分工、安全措施和注意事项并签名

_____

_____

9. 工作负责人变动情况

原工作负责人_____离去，变更_____为工作负责人

工作票签发人签名_____　____年___月___日___时___分

工作人员变动情况（变动人员姓名、变动日期及时间）：

_____

_____

工作负责人签名：_____

10. 工作票延期

有效期延长到：____年____月____日____时____分

工作负责人签名：_____　____年___月___日___时___分

工作许可人签名：_____　____年___月___日___时___分

11. 每日开工和收工时间（使用一天的工作票不必填写）

收工时间				工作负责人	工作许可人	开工时间				工作许可人	工作负责人
月	日	时	分			月	日	时	分		

12. 工作票终结

（1）现场所挂的接地线编号_____共_____组，已全部拆除、带回。

（2）工作终结报告。

终结报告的方式	许可人	工作负责人签名	终结报告时间
			年　月　日　时　分
			年　月　日　时　分

13. 备注

（1）指定专责监护人、负责监护地点、具体工作：

_____

_____

（2）其他事项：

_____

_____

附录 C　电力线路第二种工作票样票

电力线路第二种工作票

单位　输电运检室　　　　编号　Ⅱ202203004

1．工作负责人（监护人）　罗××　　班组　带电检修班

2．工作班人员（不包括工作负责人）

王××、严×、田××、孙×、过××　共5人。

3．工作任务

线路或设备名称	工作地点、范围	工作内容
220kV 孙沈 4969 线	040～067 号	横担分色
220kV 孙陆 26F9 线	070～086 号	横担分色

4．计划工作时间

自 2022 年 03 月 24 日 07 时 00 分至 2022 年 03 月 25 日 17 时 30 分

5．注意事项（安全措施）

（1）工作中应加强监护。

（2）工作中应保证与 220kV 带电体的安全距离不小于 3.0m。

（3）攀登杆塔应稳步上下，塔上工作应系好安全带及二保，转移时不得失去保护。

（4）工作中安全带和保护绳应高挂低用，固定在牢固构件上。

（5）全体人员应集中思想，听从指挥，共同搞好安全生产。

工作票签发人签名_____　　___年___月___日___时___分

工作票会签人签名_____　　___年___月___日___时___分

工作负责人签名_____　　___年___月___日___时___分

6．现场交底，工作班成员确认工作负责人布置的工作任务、人员分工、安

全措施和注意事项并签名

_____

_____

7．工作开始时间：＿＿＿年＿＿＿月＿＿＿日＿＿＿时＿＿＿分

工作负责人签名＿＿＿＿＿＿＿＿

工作完工时间：＿＿＿年＿＿＿月＿＿＿日＿＿＿时＿＿＿分

工作负责人签名＿＿＿＿＿＿＿＿

8．工作负责人变动情况

原工作负责人＿＿＿＿＿＿＿＿＿离去，变更＿＿＿＿＿＿＿为工作负责人

工作票签发人签名＿＿＿＿＿＿＿＿＿　＿＿＿年＿＿＿月＿＿＿日＿＿＿时＿＿＿分

9．工作人员变动情况（变动人员姓名、变动日期及时间）：

_____

_____

工作负责人签名＿＿＿＿＿＿＿＿

10．每日开工和收工时间（使用一天的工作票不必填写）

收工时间				工作负责人	开工时间				工作负责人
月	日	时	分		月	日	时	分	

11．工作票延期

有效期延长到＿＿＿年＿＿＿月＿＿＿日＿＿＿时＿＿＿分

12．备注

_____

_____

附录 D　电力线路带电作业工作票样票

电力线路带电作业工作票

单位　输电运检室　编号 D202204011

1．工作负责人（监护人）　颜××　　班组　带电检修班

2．工作班人员（不包括工作负责人）

苏××、王××、罗××、田××、严×、过×× 　共 6 人。

3．工作任务

线路或设备名称	工作地点、范围	工作内容
110kV 同朱 892 线	015 号	更换 B 相复合绝缘子

4．计划工作时间

自 2022 年 04 月 27 日 12 时 00 分至 2022 年 04 月 27 日 17 时 30 分

5．停用重合闸线路（应写线路双重名称）

110kV 同朱 892 线

6．工作条件（等电位、中间电位或地电位作业，或邻近带电设备名称）

地电位作业

7．注意事项（安全措施）

（1）线路有电运行，工作中应加强监护。

（2）工作中应保证人身与 110kV 带电体的作业距离不小于 1.0m，保持绝缘操作杆有效绝缘长度 1.3m，保持绝缘承力工具、绝缘绳索有效绝缘长度 1.0m。

（3）所使用绝缘工具应严格测试，不合格严禁使用。

（4）攀登杆塔应稳步上下，塔上工作应系好安全带及二保，转移时不得失去保护。

（5）工作中安全带和保护绳应高挂低用，固定在牢固构件上。

（6）工作点下方严禁有人逗留，防止落物伤人。

（7）全体人员应集中思想，听从指挥，共同搞好安全生产

工作票签发人签名_____ 签发时间：___年___月___日___时___分

8．确认本工作票1～7项

工作负责人签名_____ 签发时间：___年___月___日___时___分

9．工作许可：

调控许可人（联系人）：_____许可时间：___年___月___日___时___分

工作负责人签名_____ ___年___月___日___时___分

10．指定_____为专责监护人 专责监护人签名_____

11．补充安全措施（工作负责人填写）

_____

_____

12．现场交底，工作班成员确认工作负责人布置的工作任务、人员分工、安全措施和注意事项并签名

_____

_____

13．工作终结汇报调控许可人（联系人）_____

工作负责人签名_____ ___年___月___日___时___分

14．备注

_____

_____

附录E　电力电缆第一种工作票样票

电力电缆第一种工作票

单位：　泰州运维检修部（检修分公司）输电运检室

停电申请单编号：　泰州输电 2020110008

编号：Ⅰ2020110001

1．工作负责人（监护人）　周×　班组　电缆运检班

2．工作班人员（不包括工作负责人）

肖××、张××、刁××、杨××、龙××、丁×、李×　共7人。

3．电力电缆名称

110kV 巷塘 7CF 线。

4．工作任务

工作地点或地段	工　作　内　容
110kV 巷塘 7CF 线 1、2 号接头井	110kV 巷塘 7CF 线原接地箱拆除，更换智能接地箱

5．计划工作时间

自 2020 年 11 月 11 日 08 时 00 分至 2020 年 11 月 12 日 18 时 00 分

6．安全措施（必要时可附页绘图说明）

1．应拉开的设备名称、应装设绝缘挡板			
变、配电站 或线路名称	应拉开的开关、刀闸、熔断器以及应装设的 绝缘挡板（注明设备双重名称）	执行人	已执行
220kV 寺巷变	应拉开 7CF 开关		
220kV 寺巷变	应拉开 7CF1、7CF2、7CF3 闸刀		
220kV 寺巷变	应分开 7CF 开关操作电源空开		
220kV 寺巷变	应分开 7CF 线路压变二次电压空开		
110kV 塘湾变	应拉开 7CF 开关		
110kV 塘湾变	应拉开 7CF1、7CF3 闸刀		

续表

变、配电站 或线路名称	应拉开的开关、刀闸、熔断器以及应装设的 绝缘挡板（注明设备双重名称）	执行人	已执行
110kV 塘湾变	应分开 7CF 开关操作电源空开		
110kV 塘湾变	应分开 7CF1、7CF3 闸刀电机电源空开		

2. 应合接地刀闸或应装接地线

接地刀闸双重名称和接地线装设地点	接地线编号	执行人
220kV 寺巷变：应合上 7CF4 接地刀闸		
110kV 塘湾变：应合上 7CF4 接地刀闸		

3. 应设遮栏、应挂标示牌

220kV 寺巷变：应在 7CF 开关操作把手上挂"禁止合闸，有人工作"标示牌	
220kV 寺巷变：应在 7CF1、7CF2、7CF3 闸刀操作把手上挂"禁止合闸，有人工作"标示牌	
220kV 寺巷变：应在 7CF 线路压变二次电压空开上挂"禁止合闸，有人工作"标示牌	
110kV 塘湾变：应在 7CF 开关操作把手上挂"禁止合闸，有人工作"标示牌	
110kV 塘湾变：应在 7CF1、7CF3 闸刀操作把手上挂"禁止合闸，有人工作"标示牌	

4. 工作地点保留带电部分或注意事项（由工作票签发人填写）	5. 补充工作地点保留带电部分和安全措施（由工作许可人填写）
（1）工作中应保持与带电设备的安全距离：220kV 应大于 3.0m、110kV 应大于 1.5m、10kV 应大于 0.7m	
（2）220kV 寺巷变：7CF1、7CF2 闸刀母线侧带电	
（3）220kV 寺巷变：相邻 110kV 巷周 7C0 开关间隔、巷医 2 号 7C9 开关间隔在运行中	
（4）110kV 塘湾变：7CF1 闸刀母线侧带电	
（5）110kV 塘湾变：相邻 110kV Ⅱ、Ⅲ段母联 730 开关间隔和 3 号主变压器 703 开关间隔在运行中	

工作票签发人签名　仲×　　2020 年 11 月 10 日 18 时 44 分

工作票会签人签名＿＿＿＿　＿＿＿年＿＿月＿＿日＿＿时＿＿分

7．确认本工作票 1～6 项

工作负责人签名_____　　___年___月___日___时___分

8．补充安全措施

（1）开启电缆井井盖、电缆沟盖板后应采用封闭遮拦进行围挡，挂醒目标志，并有人看守；工作人员撤离后应立即将井盖盖好，防止行人跌落井内。

（2）下井前应做好通风和气体检测工作。

（3）电缆附件制作动火前应测试井下可燃气体含量是否合格，作业时注意明火与新建电缆保持足够的距离以免损伤电缆；现场应配置足够数量的灭火机，燃气瓶不得放在井内使用，燃气管及接口在使用前应检查合格后方可使用。

（4）110kV 巷塘 7CF 线更换接地箱前应使用电缆识别仪确切证实电缆无电后方可对接地箱进行拆除。

（5）交叉互联接地连接恢复前应再次核实线路相位，确保换相正确。

（6）在交通道口和沿公路施工时，应在工作场所周围装设遮拦，并在来车方向提前设置交通警示标志，工作中注意过往车辆和行人，防止发生交通事故。

工作负责人签名：_____

9．工作许可

（1）在线路上的电缆工作。

1）工作许可人用____方式许可。

2）自___年___月___日___时___分起开始工作。

3）工作负责人签名。

（2）在变电站或发电厂内的电缆工作。

安全措施项所列措施中（变、配电站/发电厂）部分已执行完毕

工作许可时间___年___月___日___时___分。

工作许可人签名_____　　　工作负责人签名_____

10．现场交底，工作班成员确认工作负责人布置的工作任务、人员分工、安全措施和注意事项并签名

11．每日开工和收工时间（使用一天的工作票不必填写）

收工时间				工作负责人	工作许可人	开工时间				工作许可人	工作负责人
月	日	时	分			月	日	时	分		

12. 工作票延期

有效期延长到____年____月____日____时____分

工作负责人签名_____   ____年____月____日____时____分

工作许可人签名_____   ____年____月____日____时____分

13. 工作负责人变动

原工作负责人_____离去，变更_____为工作负责人。

工作票签发人签名_____   ____年____月____日____时____分

14. 作业人员变动（变动人员姓名、日期及时间）

工作负责人签名_____

15. 工作终结

（1）在线路上的电缆工作：

作业人员已全部撤离，材料工具已清理完毕，工作终结；所装的工作接地线共副已全部拆除。

1）于____年____月____日____时____分工作负责人向工作许可人。

2）用____方式汇报。

3）工作负责人签名。

（2）在变、配电站或发电厂内的电缆工作。

1）在（变、配电站/发电厂）工作于年月日时分结束，设备及安全措施已恢复至开工前状态，作业人员已全部撤离，材料工具已清理完毕。

2）工作许可人签名工作负责人签名。

16. 工作票终结

临时遮栏、标示牌已拆除，常设遮栏已恢复；

未拆除的接地线编号共_____组；

未拉开接地刀闸编号共_____副（台），已汇报调度。

工作许可人签名_____　　___年___月___日___时___分

17．备注

（1）指定专责监护人、负责监护地点、具体工作：

_____

_____

（2）其他事项：

_____

_____

附录 F 电力电缆第二种工作票样票

电力电缆第二种工作票

单位：　泰州运维检修部（检修分公司）输电运检室

编号：　Ⅱ2021100002

1．工作负责人（监护人）　周×　班组　输电电缆运检班

2．工作班人员（不包括工作负责人）

李××、郎×、蒋××　共3人。

3．工作任务

电力电缆名称	工作地点及地段	工 作 内 容
110kV 白塘 712 线	110kV 塘湾变塘白 712 线电缆层至站外电缆 1 号井	110kV 白塘 712 线塘湾变进线电缆路径测绘

4．计划工作时间

自 2020 年 11 月 11 日 08 时 00 分至 2020 年 11 月 11 日 18 时 00 分

5．工作条件和安全措施

（1）在塘湾变电缆层工作地点放置"在此工作"标示牌，"在此工作"标示牌应随工作地点转移；

（2）工作中注意与带电设备保持足够安全距离：110kV 应大于 1.5m、10kV 应大于 0.7m；

（3）电缆层内电缆均带电，工作中注意不能使用尖锐工具以免损伤带电电缆；

（4）工作中加强安全监护，严禁扩大工作范围，严禁做与工作无关的事，严防误碰误动运行设备；

（5）工作过程中佩戴口罩，注意防疫措施。

工作票签发人签名　仲×　2020 年 11 月 10 日 18 时 44 分

工作票会签人签名＿＿＿＿＿＿

6．确认本工作票 1～6 项

工作负责人签名＿＿＿＿＿＿

7．补充安全措施

（1）开启电缆井井盖、电缆沟盖板后应采用封闭遮栏进行围挡，挂醒目标志，并有人看守；工作人员撤离后应立即将井盖盖好，防止行人跌落井内。

（2）下井前应做好通风和气体检测工作。

（3）在交通道口和沿公路施工时，应在工作场所周围装设遮栏，并在来车方向提前设置交通警示标志，工作中注意过往车辆和行人，防止发生交通事故。

工作负责人签名＿＿＿＿＿＿

8．工作许可

（1）在线路上的电缆工作

工作开始时间：＿＿年＿＿月＿＿日＿＿时＿＿分。

工作负责人签名：＿＿＿＿＿

（2）在变电站或发电厂内的电缆工作

安全措施项所列措施中＿＿＿＿（变、配电站/发电厂）部分已执行完毕。

工作许可时间：＿＿年＿＿月＿＿日＿＿时＿＿分。

工作许可人签名：＿＿＿＿＿　　　工作负责人签名：＿＿＿＿＿＿＿

9．现场交底，工作班成员确认工作负责人布置的工作任务、人员分工、安全措施和注意事项并签名：

＿＿＿＿＿＿＿＿＿＿＿＿＿＿＿＿＿＿＿＿＿＿＿＿＿＿＿＿＿＿＿

＿＿＿＿＿＿＿＿＿＿＿＿＿＿＿＿＿＿＿＿＿＿＿＿＿＿＿＿＿＿＿

＿＿＿＿＿＿＿＿＿＿＿＿＿＿＿＿＿＿＿＿＿＿＿＿＿＿＿＿＿＿＿

＿＿＿＿＿＿＿＿＿＿＿＿＿＿＿＿＿＿＿＿＿＿＿＿＿＿＿＿＿＿＿

10．工作票延期

有效期延长到：＿＿年＿＿月＿＿日＿＿时＿＿分

工作负责人：＿＿＿＿＿　　＿＿年＿＿月＿＿日＿＿时＿＿分

工作许可人：＿＿＿＿＿＿　＿＿年＿＿月＿＿日＿＿时＿＿分

11．每日开工和收工时间（使用一天的工作票不必填写）

收工时间				工作负责人	工作许可人	开工时间				工作许可人	工作负责人
月	日	时	分			月	日	时	分		

12．工作终结

（1）在线路上的电缆工作：

工作结束时间：＿＿＿＿＿＿＿＿＿

工作负责人签名：＿＿＿＿＿＿＿＿

（2）在变配电站或发电厂内的电缆工作：

在＿＿＿＿＿＿＿（变、配电站/发电厂）工作于＿＿＿年＿＿＿月＿＿＿日＿＿＿时＿＿＿分结束，作业人员已全部退出，材料工具已清理完毕。

工作负责人签名：＿＿＿＿＿＿＿＿　　工作许可人签名：＿＿＿＿＿＿＿＿

13．备注

＿＿＿＿＿＿＿＿＿＿＿＿＿＿＿＿＿＿＿＿＿＿＿＿＿＿＿＿＿＿＿＿

＿＿＿＿＿＿＿＿＿＿＿＿＿＿＿＿＿＿＿＿＿＿＿＿＿＿＿＿＿＿＿＿

参 考 文 献

[1] 国家电网公司人力资源部. 输电线路检修（上、下）[M]. 北京：中国电力出版社，2010.

[2] 国家电网公司人力资源部. 带电作业基础知识 [M]. 北京：中国电力出版社，2010.

[3] 国家电网公司. 国家电网公司电力安全工作规程（线路部分）[M]. 北京：中国电力出版社，2009.

[4] 国家电网公司人力资源部. 输电线路运行（上、下）[M]. 北京：中国电力出版社，2010.

[5] 国家电网公司运维检修部. 架空输电线路检修管理规定 [M]. 北京：中国电力出版社，2018.

[6] 国家电网公司. 国家电网有限公司十八项电网重大反事故措施及编制说明.[M] 北京：中国电力出版社，2018.

[7] 国家电网公司设备. 国家电网公司电力安全工器具管理规定 [M]. 北京：中国电力出版社，2010.

[8] 应国伟. 架空输电线路状态运行检修技术问答 [M]. 北京：中国电力出版社，2009.

[9] 国家电网公司. 电网安全管理与安全风险管理 [M]. 北京：中国电力出版社，2009.

[10] 中国安全生产协会注册安全工程师工作委员会，中国安全生产科学研究院组. 安全生产知识管理 [M]. 北京：中国大百科全书出版社，2011.